高等院校服装专业教程

服装色彩

叶洪光 刘重崃 编著

西南师范大学出版社

目录

第一章 绪论

"正霞透过茶色玻璃门,十分惊异地发现好像有点与往常不同的景象在门口游移。是谁不小心开了大门前的路灯?打开大门,一抹晚霞呈现在眼前。晚霞把天边染成红色,几束霞光射在我家门口,柔柔的,把房前屋顶染成了红色,只是淡了点,淡得却格外迷人,令人陶醉。"在何其芳的散文中,他把晚霞的色彩描绘得令人神往,同时也道出了大自然中色彩的真谛——多样且迷人。

在每天的生活中,小如每天上班该穿什么颜色的衣服,大如设计一国之国旗应用什么颜色,全都反映出色彩在我们的生活中无处不在。事实上,除了黑白影片的人物外,没有人可以生活在一个无色世界中。色彩令这个世界变得缤纷,它能改变我们的心情,影响我们对某事某物的看法。因此,企业愿意把花花绿绿的钞票投资在设计代表企业的颜色上,设计师绞尽脑汁去表现每种颜色的特质,为的是,他们相信,在你和颜色相遇的一刹那,你可以意会到在那或温柔、或暴烈的色彩底下,它所传递给你的讯息。

一　色彩的世界

我们生活的世界充满了光和色彩,当光出现的同时色彩也随之醒来,似乎大自然中每一个事物都是色彩的组合。自然界中的各种生命体或是非生命体都用自己拥有的色彩编织着这个生机勃勃的世界,它们相互之间天衣无缝的色彩配合也体现了大自然色彩的和谐。从拥有高智商且处在食物链顶端的人类到天空中飞翔的鸟类,

图 1-1

再到海洋深处色彩斑斓的鱼类，生物的多样性带来的是色彩的差异性，而正是这种差异性构成了我们今天无与伦比、绚丽多姿并且无法复制的充满无限色彩的世界。(图 1–1）

图 1–2

二　生活与色彩

赤、橙、黄、绿、青、蓝、紫，色彩交织着洒向地球，飘进我们的生活。其实，我们的周围处处是色彩，可是，你抓住它了吗？生活中充满了无限的色彩。生活中的色彩是最现实、离我们最近的事物，每个人都会在自己的生活空间中，与色彩相伴相随。食物中，以水果蔬菜的颜色最为鲜艳，每一种水果和蔬菜都具有与众不同的颜色，如苹果的红、葡萄的紫、香瓜的黄、南瓜的朱红、西瓜的绿等等。而衣、食、住、行，服饰被排在第一位，每天早晨，起来的第一件事就是穿衣，服装的色彩尽现于人类所创造的服饰文化之中，同时，时装更是将服饰中的色彩展现得淋漓尽致，因此，服饰的色彩搭配作为一门独立的学科而兴起。

总体来说，生活中色彩的种类大致可以分为下面 7 个方面：1.食品色彩；2.衣着色彩；3. 居住环境色彩；4.传统风俗色彩；5.个性喜好色彩；6.历史进化风格色彩；7. 民族服饰文化色彩。(图 1–2、图 1–3）

图 1–3

三　服装色彩的概念

色彩是服装文化当中最重要的因素之一，同时，它也能影响人的情绪。颜色能帮助我们表达个性化的自我，也能影响我们对彼此的印象。服装色彩是以服装为对象，对不同类型的款式、面料以及不同季节的服装进行色彩布局设计的创造活动。服装色彩是服装的一个基本而重要的组成因素，服装设计中的色彩是“立体色彩”的概念，需要通过服装的款式造型及面料质地等来展现。

服装色彩的视觉冲击度是考量服装设计成败的重要价值取向。服装色彩如同一种特殊的美的语言，可以解读服装色彩独特的设计语言符号，分析其理念内涵与视觉表象之相互关系。并且，服装色彩的有效应用与变化，对于提升对设计作品的认知及加大作品的感染力度等都有着重要的作用。(图 1–4、图 1–5、图 1–6）

图 1–4

图 1-5

图 1-6

第二章 基础色彩学

一 色彩与光线

翻开童话故事里的世界，沐浴在晨曦中，一缕缕金黄的光线会静静地洒落在你的肩头，远处的小木屋，在晨雾的环绕中，宛若仙境。在那里到处是色彩斑斓的花草，片片白云悄然地点缀着湛蓝的天空，成群的牛羊悠闲地散落在大片的绿色中，微风吹过，荡起花海似的阵阵波浪；你会有种童话般的错觉，而这些都是生命感官对色彩和光在视觉中产生的最迅速、最直接、最深刻的反应。

1666年，世界著名的物理学家牛顿揭开了光与色彩之间神秘的面纱。通过三棱镜分解自然界中的阳光，观察到当无色的光线经过三棱镜之后，折射出一条由七种颜色组成的光带，它们分别是大家所熟知的红、橙、黄、绿、青、蓝、紫，和雨过天晴后的彩虹一般，有着异曲同工之妙。更为奇特的是，当这一束光线继续通过另一个早已设置好的三棱镜的同时，中间形成的七彩光线被还原成了白色的光。后来者把这七种颜色定为"光谱色"，这种光谱色是一种连续、不间断的颜色通道，各颜色之间相互融合、依次变化。但其中的青色实质上是蓝绿色，没有太过明显的颜色偏向，因此，在真正的光谱色中常常被忽略，所以光谱色只是保留了其中的六种颜色。（图2-1、图2-2）

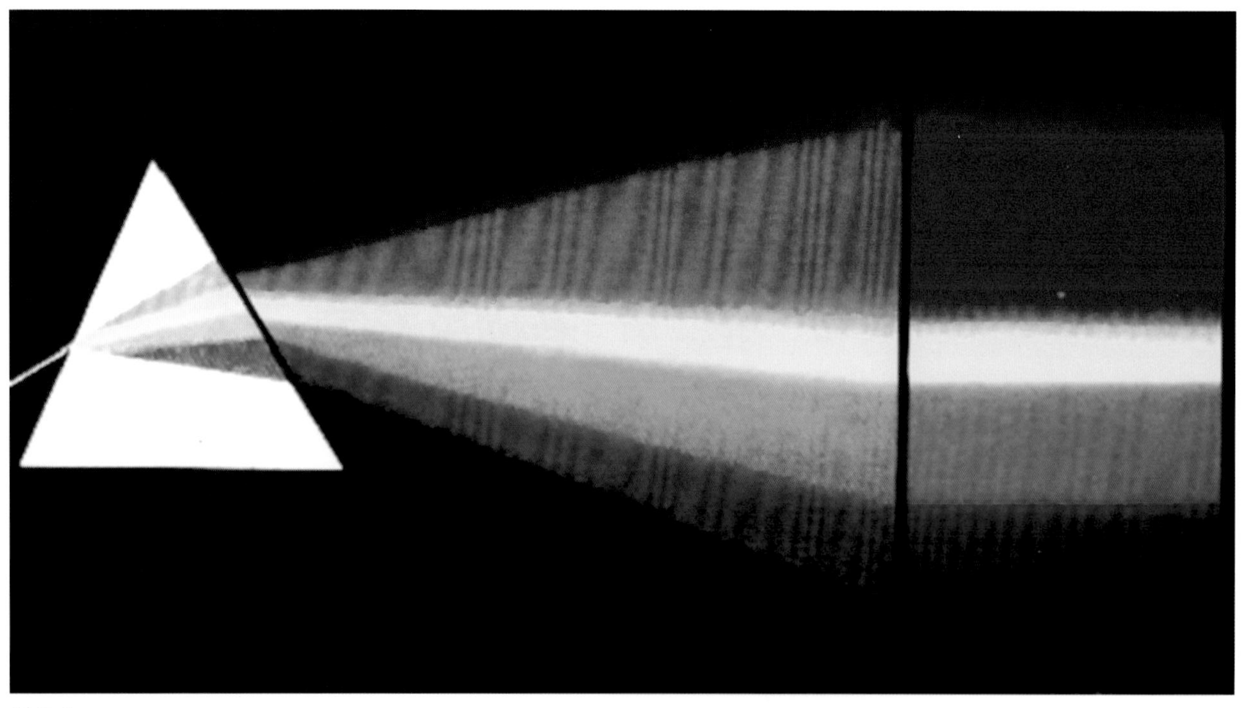

图2-1

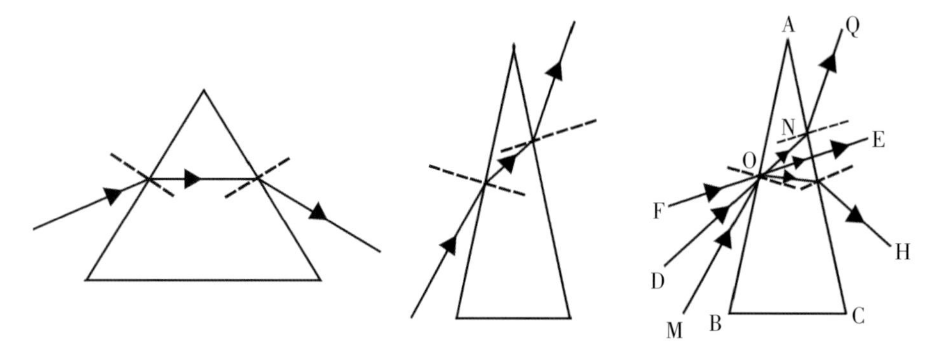

图2-2 三棱镜光的入射角和折射角原理图

图 2-3

1. 光源色

光源色是指光源的色光，光源就是本身会发光的物体，比如，阳光一般是暖白色，日光是冷白色，月光则呈现出冷黄色。在不同光源的照射下，被照射的物体表面的色彩也会随之改变，比如，红光照在白布上，白布就呈现出红色；黄光照射在红布上，就会出现橘红色；在各种各样的演出中也会经常看见灯光造型师通过不同的光色来营造演出中的气氛。（图 2-3）

2. 固有色

在正常的白色日光下，物体所呈现出的色彩特征被称之为固有色。比如，通常所说的天是蓝的，树是绿的，这件衣服是白的，皮肤的白、黄、黑色等。一般的人对物体的辨别先是以固有色为标准，但是固有色又是依托光照的条件存在的，没有光照就谈不上固有色，所以在研究色彩学的过程当中需要既讲究科学也讲究直观。

3. 眼睛、光线、物体

人之所以能看到生活中的色彩是因为受到了光的刺激，通过光的刺激使眼睛中的视觉神经获得感知，同时眼睛的结构也会影响到对色彩的辨别能力。因此，物体中的色彩反应到眼睛中的时候，每个人眼睛中感受到的色彩也不尽相同，健全的眼睛的识别系统与患有色盲的人所能观察到的颜色也就存在着差别。（图 2-4）

4. 可见光谱与不可见光谱

用三棱镜分解太阳光形成的光谱，是人类眼睛所能看见的范围。从 380nm（微毫米）~780nm 的区域为可见光谱。紫端 380nm 以外是紫外线、X 射线、放射性的 R 射线和宇宙线，红端 780nm 以外是红外线、电波等，这些均为不可见光谱，通过仪器才能观测到。

人眼能看见的光线在光谱中只占到很小的一部分。人眼最佳明视范围是光波在 400nm~700nm 之间。不同波长的可见光在人的眼睛中产生不同的色彩感觉，下面为颜色与相对应波长的范围：

颜色	波长范围
红	700nm~630nm
橙	630nm~590nm
黄	590nm~560nm
绿	560nm~490nm
蓝	490nm~450nm
紫	450nm~400nm

1nm（微毫米）相当于 0.000001mm（毫米）。

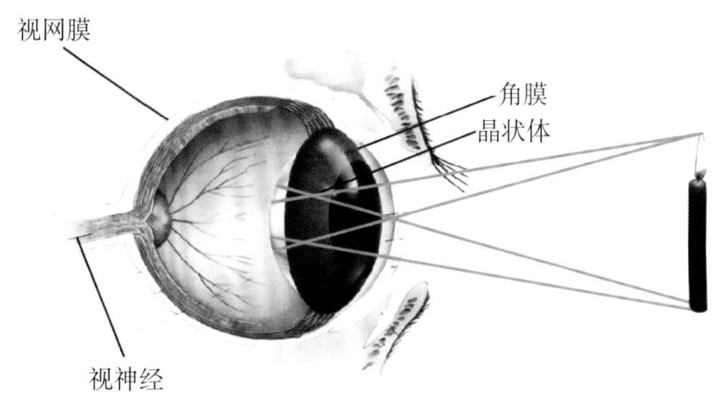

图 2-4 眼的剖面图

二　色彩的本质（色彩三要素）

色彩最基本的构成元素是明度、纯度、色相，在色彩学上也称“色彩三要素”或是“三属性”。许多色彩原理都出自三要素之间或由此演变的关系。这三种要素各具特性，但不能孤立地发挥作用，它们之间的关系是相互依存和制约的，不能相互替代。改变其中的一个要素都将引起其他要素相应的变化，以至影响整个色彩的面貌。熟悉和掌握色彩的三要素对于认识和使用色彩是相当重要的。

（一）明度（Hue）

明度在色彩的三要素中起着重要的核心作用，我们姑且把明度作为把握色彩的基本线索，通过它把三要素的性质及对比关系结为一体，帮助我们有机地、相互联系地认识和应用色彩的基本知识。

明度指色彩明暗、深浅的程度。在色彩三要素中，明度作为隐藏在色彩华美肌肤内的骨骼，对色彩的构成起到关键性的作用。明度对比是指色彩间深浅层次的对比。如果只有色相对比而无明度对比，图形的轮廓则难以辨别。

色与形总是同时发生的。在色彩三要素中，运用明度关系对图形产生作用与影响，是协调形与色关系的重要手段。从明度入手，调节并控制三要素之间的关系，无疑会增强控制色彩配置的主动性。

明度对比在色彩构成中的重要作用有:1. 表现色彩的明暗层次变化;2.表达形体的体积感、空间感;3.表现光与影。不同明度的色阶搭配在一起，画面会产生不同调子，即高低调和长短调。运用低、中、高调和短、中、长调等六个因素可组合成许多明度对比基调。

此作品使用了不同的色相进行明度变换，它不是采用色彩中常用的色阶推移形式，而是将色彩分割为小色块利用明度之间的差异突出空间混合，从而衬托出所要表达任务的形象，同时又存在某些模糊感。（图 2–5）

图 2–6 是平面构成与色彩构成的综合。点、线、面的安排十分巧妙，既表现了立体感较强的粉红色苹果，又构成鸟体的意象。鸟的头部、尾部用优美的彩色线条排列，极富节奏韵律感。细腻的浅蓝色点在深蓝背景中发出幽幽光感，营造出一定的氛围。简洁的构图极富创意。美中不足的是有些局部(如鸟头部分)，线条疏密排列缺乏推敲，导致造型不够完美。

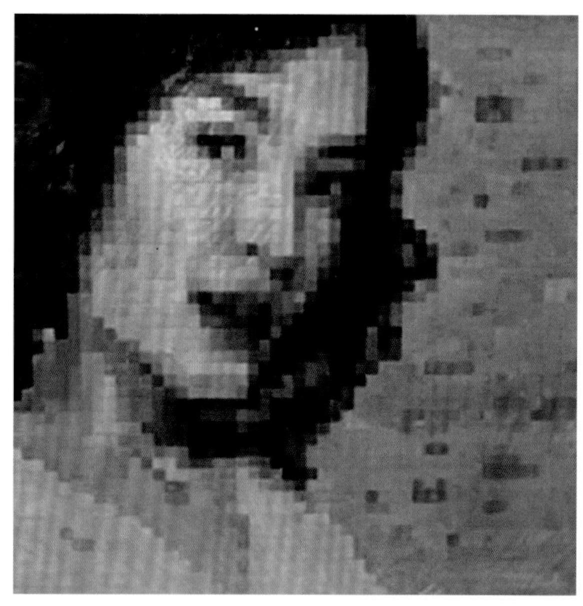

图 2–5

图 2–6

图 2–7

图 2-7 在色彩上仅使用了单一色相。柔和的色阶与河边的房屋完美结合，体现了小桥流水般的宁静效果。光环的色阶随着光线的明暗变化，采用由小到大的密集色块分割排列，生动地表现出了笼罩水波的闪烁的光感，反映出作者控制明度色阶的能力。

图 2-8

(二)纯度(Value)

纯度是指色彩的鲜浊程度或纯净程度。色彩的鲜浊取决于色彩波长的单一程度，色相越单一，色彩的鲜艳程度越高，反之就越浊。

纯度对比即色彩间鲜艳程度的对比。在三要素中，纯度的精微变化是形成色彩丰富表情的重要因素，利用纯度变化可以造成无数带有色彩倾向的灰色。纯度对比可以分为高纯度、中纯度和低纯度等基调的对比，每一种基调中又根据对比程度的差异分成强、中、弱等不同调性。纯度的强弱对比所产生的色彩效应有很大不同，强对比色彩效果鲜明肯定，而弱对比事实上更加倾向于色彩调和。

纯度训练是一个较难的课题。因为要使色彩纯度降低，往往要掺入一些黑、白、灰(或补色)，这样容易和明度概念混淆，并且由于掺入量掌握不当，颜色也极易变脏。要使颜色降低纯度，又要保留其一定的色彩倾向性，做到颜色灰得高级而不脏，并非易事。一旦调配纯度的问题得到解决，对于色彩的认识也就上升了一个层次。

图 2-9

作者精心刻画了一幅几何形相互叠加的图案。为突出主题，运用浅蓝色作为纯度色阶的起始，并有意识地选择另一种原本纯度就不高的钴蓝，从钴蓝逐渐过渡到湖蓝，使几何结构中的对比强烈，画面的层次感跃然纸上。通过减弱与加强所选蓝色的亮度，产生几何形中的空间感。(图 2-8)

图 2-9 的作者在取材构思上主要表现对立因素的统一。衣裙和色块在形状及色彩上形成了柔与硬、薄与厚、轻与重、冷与暖、虚与实等多种对比，作者将这诸多的对比关系处理得较为和谐。利用红与绿这对互补色混合后产生的一些色彩变化来表现衣裙的受光与背光。规矩的块状有意交错放置，打破了平稳格局，活跃了局面。

图 2-10

此画采用视觉效果开阔的正面构图。视觉中心加大主体，利用丰富的鲜灰、冷暖对比关系，结合光线的折射、透射，较好地表现出水面的剔透感和前景、中景、远景的纵深感，使整体画面主次、前后关系分明，繁而有序，表现出了作者较强的功底。(图 2-10)

(三)色相(Chroma)

色相是指色彩的相貌、名称,如红、黄、蓝等。色相是由于光波长短不同所产生的色彩样相变化,是色彩三属性中最积极活跃的要素。

色相对比是两个以上的色相并置产生差异造成的对比。它们由色相环上色相之间距离长短、角度大小所决定:距离越近,角度越小,对比的效果越弱,反之则越强。可分为同类色、邻近色、对比色、互补色等对比基调。色相对比的强弱是调节色彩视觉效应的主要手段。

一般认为,色相对比大多是未经掺和、饱和度极高的色相间产生的强对比,混合其他色相后,色彩明度、纯度都将发生改变,所形成的色相对比程度势必减弱,很可能出现向其他色彩性质结果的转化。未经混合的原色,由于它们各自的色彩个性鲜明,在这种色相对比关系中要寻求色彩和谐不是轻而易举的事情。但是一旦它们之间建立起某种关系,产生的色彩视觉效果将非同凡响。对此,需要有较强驾驭色彩的能力。为丰富色彩对比的表现力,往往采用提高色相明度的方法,在原色中掺入些白色,既可提高明度又不失原色相本性,因而产生出和谐的色调。

此作品属色相推移练习。画者采用从紫、蓝紫到蓝的冷色相渐变,表现出寂静的大洋中游弋着五彩斑斓的鱼、珊瑚等。通过黄、黄绿、蓝绿、蓝、蓝紫等一系列色相转移,较好地表现出海底受光、背光的明暗过渡,尤其是海底珊瑚中橙色的应用,好似一片片珍珠在朦胧深海中闪现出微微荧光。(图 2-11)

在海洋中悠闲游动的石斑鱼,为宁静的画面添了动感,成为点睛之妙笔。总体色调展现出了童话世界的幽静与安宁。

这幅作品借鉴了摄影中的某些技巧,画者通过含灰的橘红、蓝紫、蓝等冷色系的推移,为我们带来了光影的树叶。对树叶色彩变化层次的细腻推移是精彩之笔。不足之处是,树叶的色彩有些“火”,与其他含灰色系的色彩相脱节,显得突兀。若将其纯度再降低些,效果会更佳。(图 2-12)

这幅画构图新颖,令人意想不到的是,在灰暗色彩中竟然显露出一张动人的容颜,具有强烈的视觉冲击力。作者运用冷色系的代表——蓝色塑造面容的刚硬、冰冷,暖色系的代表——红色突出女性皮肤的柔软、温和,色相、质感等方面形成鲜明对比。色彩关系中,既有面部蓝绿色与红色构成的互补强对比,也有

图 2-11

图 2-12

图 2-13

唇色与肤色构成的邻近弱对比。头发、脸部的线面形状不同，虽然发色是以脸色为基调，但由于色彩比例的不同，效果也大不相同，特别是其间点缀的一些绿、紫灰色更增加了发色的变化。（图 2-13）

三 色立体

为了认识、研究和应用色彩，人们将千变万化的色彩按照它们各自的特性，按一定的规律和秩序排列，并加以命名，被称之为色彩的体系。色彩体系的建立，对于研究色彩的标准化、科学化、系统化以及实际应用都具有重要价值，它可使人们更清楚、更标准地理解色彩，更确切地把握色彩的分类和组织。具体地说，色彩的体系就是将色彩按照三属性，有秩序地进行整理、分类而组成的有系统的色彩体系。这种系统的体系如果借助于三维空间形式，且同时体现色彩的明度、色相、纯度之间的关系，则被称之为“色立体”。

最初的系统化色彩理论，均以色彩的种类以及光线的关系为着眼点作二元的结构组合，由于缺乏正确的科学实验和分析，大部分都偏向主观与附会哲学、神学的范围。直到 18 世纪，正确的三属性理论成型后，才产生色立体系统。

1772 年，朗伯特(Lambert)便提出了金字塔形的色立体结构，1776 年摩西·哈里斯(Moses Harris)在著作《色彩的自然体系》一书中，发表了类似色立体的图形色环，这些概念对后世 100 多年中的色彩分析与系统整理有很大的影响。

色立体的成熟与系统化，直到 20 世纪初才完善起来，正确地把色彩的三属性系统地排列，并组合成了一个三维空间的立体形状色彩分类结构图。以明度阶段为中心，设一个垂直的色彩轴，愈上面的明度愈高，愈下面的明度愈低。如图 2-14，以白色为顶点，以黑色为底端，再由明度轴向外做出水平方向的纯度轴。

愈接近明度轴，纯度愈低，愈远离明度轴，纯度愈高。由顶端俯视色立体时，由中心点(明度轴)向外，色相的各种颜色分别向外呈放射状分离出来，如此正好将色相、明度、纯度全部归纳成组织体系，使整体色彩的整理、分类、定位、表示、记录、查找、观察、表达等有一个统一的规则，对色彩应用有非常大的助益。

色立体结构经由专家们以最科学的方法研究并建立之后，便形成了一些研读色立体各个现象的名称，略述如下：

1.明度阶——表示色立体上下方分成明暗度大小的轴。

2.纯度阶——表示由中间向外以放射状分出、以纯度大小为等分的轴。

3.无彩色中轴——色立体中间由上至下，形成的一段由黑、白不同比例混合出来的灰、白等无彩色色彩所构成的轴。

图 2-14

4.色相面——色立体中轴往外呈放射状突出的半圆形面，某一半圆形面代表某一个色相的纯度及明度系统，称为某一色相的色相面。

5.水平轴——将色立体图以水平面的某一点作横向的断面剖开，会发现其所包括的各种色相的明度完全一样，这个水平的同明度区域称为水平轴。

6.垂直轴——色立体图的纵剖面垂直地呈现出许多颜色轴，同一垂直轴的各色彩的纯度相同。

色立体图是一个占有上下、左右、长宽等三维空间的图形，因此，任何色彩都包含于色立体图中。它整体又具备了一些特色，两边的色相呈补色关系；上下呈明暗关系，愈接近中轴颜色愈趋成熟。

7.孟塞尔色立体——孟塞尔是由美国教育学家、色彩学家、美术家孟塞尔创立的色彩表示法。他的表示法是以色彩的三要素为基础。色相简称 Hue，缩写为 H；明度叫做 Value，缩写为 V；纯度为 Chroma，简称为 C。

色相环是以红（R）、黄（Y）、绿（G）、蓝（B）、紫（P）心理五原色为基础，再加上他们的中间色相，橙（YR）、黄绿（GY）、蓝绿（BG）、蓝紫（PB）、红紫（RP）构成十色相，排列顺序为顺时针。再把每一个色相详细分为十等分，以各色相中央第五号为色相代表，色相总数为一百，如 5R 为红，5YR 为橙，5Y 为黄。每种基本色取 2.5、5、7.5、10 四个色相，共四十个色相，在色相环上相对的色相为互补关系。

各类色立体模型。（图 2–15）

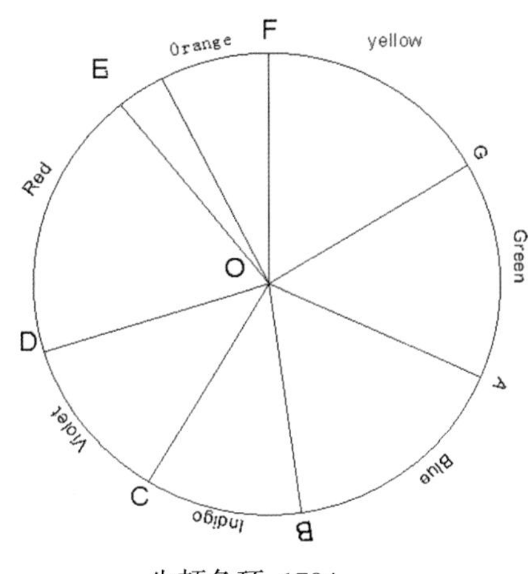

牛顿色环–1704

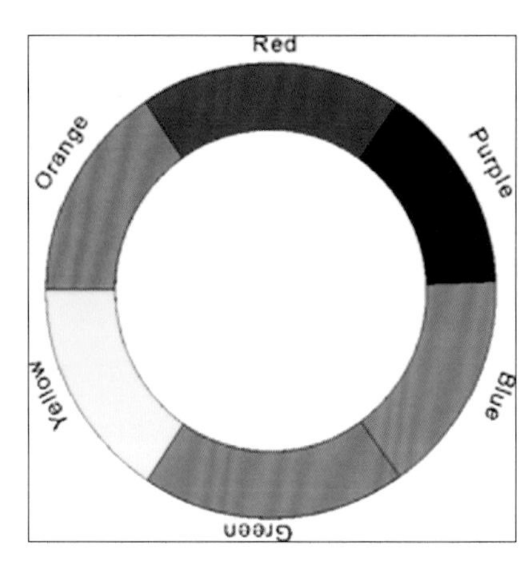

歌德色环–1793

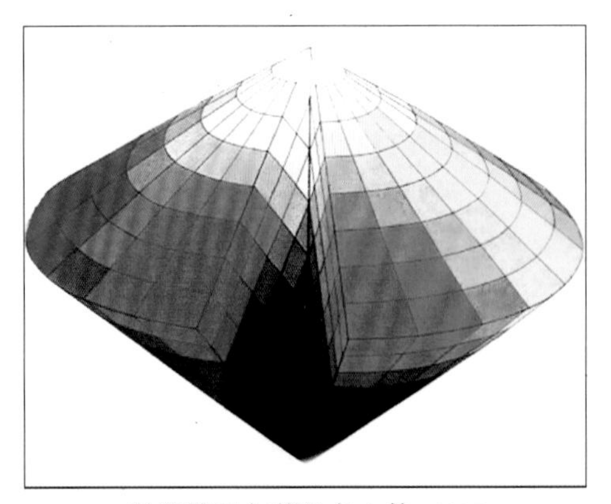
奥斯特瓦尔德的色立体–1917

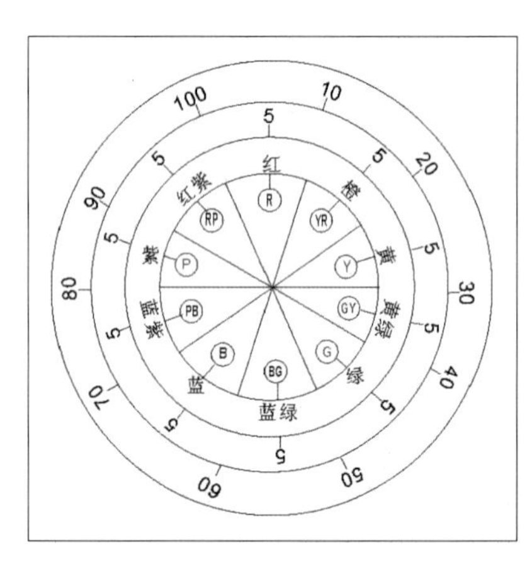

孟塞尔色立体色相环

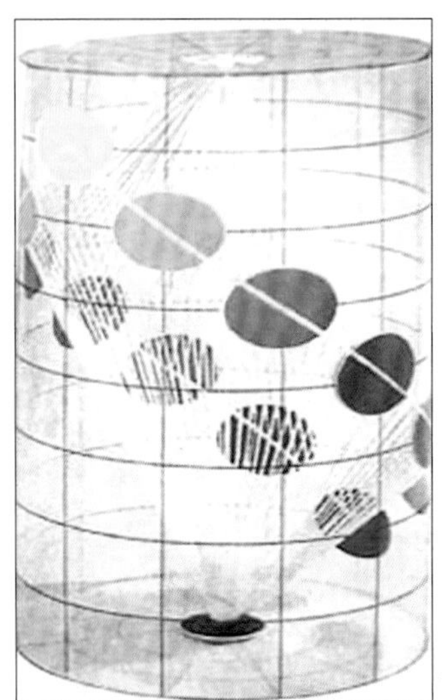
蒲相色立体–1929

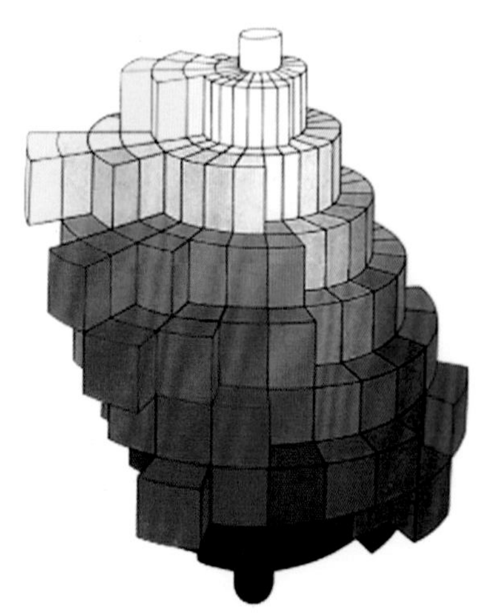
蒙塞尔色立体–1915

图 2–15

四　色调

色调是指构成的整体色彩组合的总倾向。

色调的形成是色相、明度、纯度、色性、面积等多种因素综合造成的。色彩三要素是色调产生变化的主导性构成因素，某一要素起主要作用，就可以称为某种色调，据此划分出色调的类别。如以色相因素为主时分有红色调、黄色调、绿色调等，以明度因素为主时分有亮色调、暗色调，以纯度因素为主时分鲜艳调、混浊调。

色调在冷暖方面分为暖色调与冷色调：红色、橙色、黄色——暖色调，象征着太阳、火焰；绿色、蓝色、黑色——冷色调，象征着森林、大海、蓝天；灰色、紫色、白色——中间色调。暖色调的亮度越高，其整体感觉越偏暖；冷色调的亮度越高，其整体感觉越偏冷。冷暖色调也只是相对而言，譬如说，红色系当中，大红与玫红在一起的时候，大红就是暖色，而玫红就被看做是冷色；又如，玫红与紫罗兰同时出现时，玫红就是暖色。（图 2–16）

运用较为抽象的形态做色调变化练习，可以摆脱自然形色的局限，更易突出表现色调。以色彩明度、纯度因素为主可形成明、暗、鲜、浊等基本色调。把这些基调放置在一起进行对照比较，更加能够强化对色调概念的认识。

图 2–16

五 原色与混色

要对色彩的机能有所了解，首先必须了解色彩经由何种方式产生，且如何呈现出这么复杂的状态，最早经由物理方法实验求得答案的是牛顿的三棱镜原理。他求得红、橙、黄、绿、青、蓝、紫七种色光，便认为这七色是不能再分解的原色，并发表七原色说;后来，有人认为，青色是蓝与紫的混色，因而将其减掉，发表了六原色说(红、橙、黄、绿、蓝、紫);后来又根据生理学的观点发表的生理四原色说(红、绿、黄、蓝)。直到现代，依然有各派的学者主张较符合近代的三原色理论：

生理三原色（色光三原色）——红、绿、紫；

物理三原色——红、绿、蓝；

颜料三原色——红、黄、蓝。

色光三原色与颜料三原色的确有所不同，但是他们之间有着一种奇妙的关系，这也就是当他们经过混色成为由许多复杂的色彩所组成的色彩体系后，存在的互相谋合的情况，这种情况与数学的最大公约数及最小公倍数关系雷同。

我们可以从最简单的混色观来做实验求得，当牛顿分出色光后，后人便将三个原色的色光，以等量重叠混合，结果求出一个标准色光交集的混合图：

1.等量的三原色色光混合，可形成白色光;

2.红色光与绿色光混合，可形成黄色光;

3.红色光与紫色光混合，可形成品红色光。

再将颜料三原色以前述色光的等量方式呈交集混合，却得到另一种答案:

1.等量的颜料三原色混合，可形成灰黑色;

2.品红颜料与黄色颜料混合，可形成带橙的红色；

3.品红与带紫的蓝混合，可形成紫色。

两个混合成六种颜色的系统，居然形成一种连锁性的正反关系：

1.三个色光混合出来的第二次色正好是颜料的三原色；

2.三个原色光全部混合得到的第三次色是白色，而三个原色颜料全部混合，得到的第三次色是黑色，两相互补;

3.三个原色的颜料混合出来的三个第二次，正好是色光的三原色。

色光与色料的关系，恰好呈现出互补关系，由混色中得到证明，亦由此原则可以了解，混色的原理再细分即可得到加法混色、减法混色、并置混色、旋转混色四项。

(一)加法混色

所谓加法混色，是指色光与色光的混合产生第二次色的原理及方式。

19 世纪初，英国科学家托马斯·杨(Thomas Young)发现红、绿、蓝三种色光混合，可以混出各种颜色来，发表了光的红、绿、蓝三色说。

色光混合之后产生的一些特色:

1.色光原色“红、绿、蓝”为不能再分解的原色;

2.红色色光与绿色色光混合，形成黄色色光，正好是红色颜料与蓝绿颜料混合的紫色的补色;

3.红色色光与紫色色光混合呈现品红色光，正好是黄色颜料与蓝绿颜料混合的绿色的补色;

4.紫色色光与绿色色光混合呈现蓝绿色，正好是品红色颜料与黄色颜料混合出来的带黄色的红色的补色;

5.色光混合，色彩的明度愈高，三色混合变成白色正好是颜料混合后的黑色的补色。

因此，学者将色光的混合方式及原理称为“加法混色”。（图 2-17）

图 2-17　加法混色(色光)

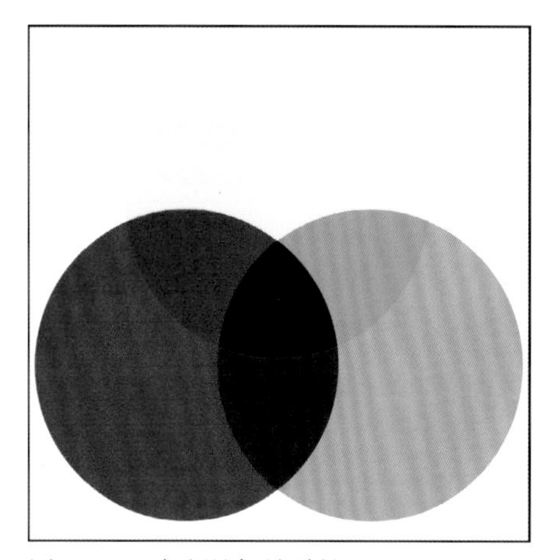

图 2-18　减法混色(颜料)

(二)减法混色

所谓减法混色,指的是颜料与颜料的混合,因为越混合,出来的色泽越淡,所以称为“减法混色”。

减法混色的效果:

1.混色的次数愈多,相比原有色彩的纯度、明度就愈低;

2.有色与无色混色,呈现中间明度及中间纯度,如红色与白色混色,得到粉红色,其明度恰介于红色与白色之间,纯度亦同;

3.混色次数愈多,色感愈浊。(图 2-18)

(三)并置混色

当我们将两个或两个以上的色彩紧密地并置在一起,从远处观看,由于脱离焦距而产生色光渗现象,在视网膜中会结合成为一个新的混合色空间。混色的特性是混色后的明度是混合色的平均明度、鲜锐度。

并置混色的例子在我们的生活周围非常多, 到处可见,最普遍的有下列数种:

1.纺织品——毛线衣、布料的织纹,利用色彩的经纬线交织成混合色彩的图案;(图 2-19)

2.彩色印刷——目前通用的四色分色彩色印刷,利用网点比例空间混色原理来形成错综复杂的多彩颜色;

3. 点彩画派——19 世纪末印象派画家修拉(Seurat, 1859~1891 年)利用并置混色原理创造出点彩派绘画作品,也是很成功的空间混色范例;(图 2-20)

4.电视机的荧光幕网屏——将电视机荧光幕的网屏放大可以看出它是显像管以红、绿、蓝的颜色块在网屏上规则排列而成,依光度比例混合并置而产生出千变万化的颜色。

图 2-19　尼泊尔毛毯

图 2-20　点彩法

(四)旋转混色

旋转法是英国物理学家麦克斯韦在 1861 年用旋转混合板实验研究颜色的混合比及面积,肯定托马斯·杨三原色说而创作的转盘混色法。旋转混色的原理是视觉暂留与视觉掺和作用色而产生的效应,将两个或两个以上的颜色置于一定面积比的转盘上,让转盘快速旋转,得到两色相混所产生的中间减色混合色,明度为两色的平均值。

据数据实验指出，转盘转速必须达到每分钟三千转到六千转，才会产生混色现象，而转速较低时会看到较不正确的色彩，两个补色在高速旋转中会呈现无彩色的灰色。转盘混色的最大功能是，可以指出一比例色彩与另一比例色彩混合后的正确色彩，奥斯特瓦尔德色标便是依比例计算出来的，有非常准确的物理实验依据。（图 2-21）

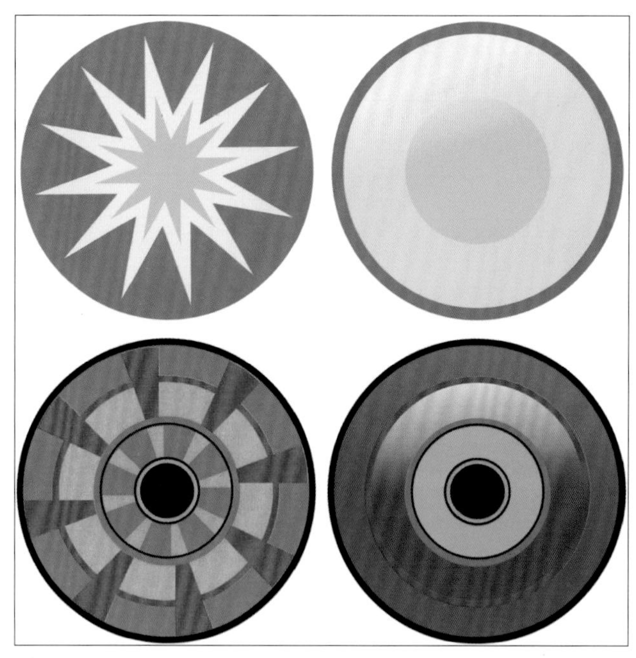
图 2-21

六　对比与调和

(一)色彩的对比现象

所谓对比，是指颜色与颜色的相关情形，通常颜色很少单独存在，大都会被其他颜色所包围，这种色彩与某一色彩在时间和空间上的相关关系及其对视觉所产生的影响，称之为“对比”。

对比的要素包括明暗、大小、远近、强弱、美丑等感觉效应，对比的成立并非绝对性的产生，而是相关性的对照。譬如说，我们拿出一颗乒乓球，因为没有其他对照的球体，我们无法判定它的大小或颜色，若再拿出一颗保龄球来，互相比照，立即可以确定出乒乓球较小，两个球体很快便产生了对比性。

两颗同大小的保龄球，也会因为色彩的不同，表面处理材质的差异而产生对比。

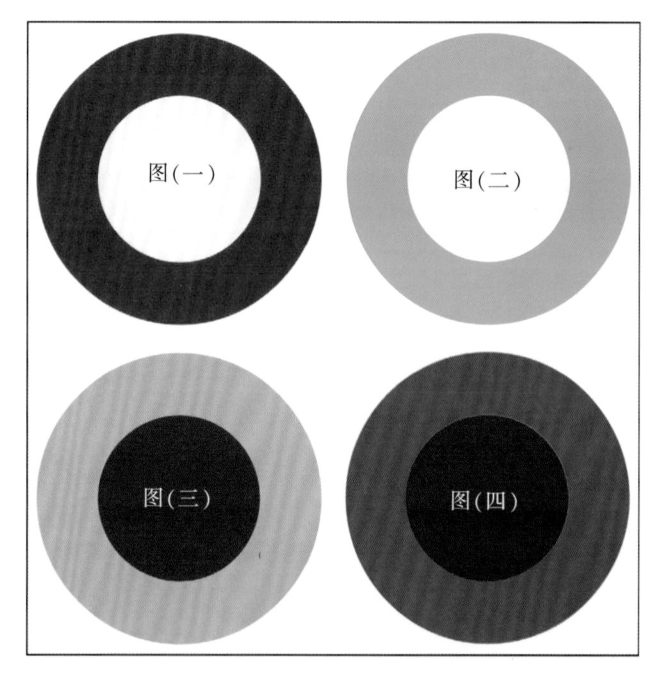

图 2-22

在色彩的关系上，粉红色与红色并列，粉红色变得又亮又白;橙色与绿色并列，橙色变得温暖，绿色变得凉爽;洋红色与米黄色并列，洋红的色彩鲜艳而强烈，米黄色变得较浊而淡;黑色与浅蓝色并列，黑色变得浓厚而重，浅蓝变得淡薄而轻，这都是在色彩关系上所产生的对比效果。色彩关系对比分为两大类：

1. 同时对比(Simultaneous Contrast)

所谓同时对比，即是在同一个时间内，观看两个或两个以上的并排颜色互相影响，所产生的对比效果变化。

一般同时对比的情形，大致上是明度高低、纯度强弱、色相差别、色彩温度、色彩形状、色彩动态等物理及心理因素所产生的感觉作用。

图 2-22 中的图(一)，粉红色如果被红色包围，看起来就会泛白；图(二)中淡绿色若被鲜艳的绿色包围，也一样会泛白。因此，虽然粉红色和淡绿色是不同的颜色，但由于受到周围颜色的影响，两者就成了泛白的同色，这就是在对比中的颜色的异同色化现象。图(三)和图(四)只要反向利用这种现象，就可以使人将同色看成异色。

2. 连续对比(Succesive Contrast)

所谓连续对比，是指在不同时间看两个色彩所产生的对比现象。假设先单独凝视一个红色的撞球，许久之

图 2-23

后，再突然转移视线，去凝视浅黄色的色纸，此时色纸所呈现的感觉色会呈黄绿色之感。这是因为色彩残像作用，加到后来的色彩上面产生时间交叉的对比效应，视网膜看久了红色，便会产生蓝绿色补色，再看黄色时，将蓝绿色补色印在黄色上，便形成了带绿色的黄绿色。

先凝视红色数秒，便产生红、蓝、绿残像，再将视线下移便看到蓝绿色已经移到了黄色上。（图 2-23）

色相对比

将两个不同的色相并立于一起所产生的对比效果，称为色相对比。在做色相对比的实验时，为了避免明度和纯度的干扰，最好使用色彩饱和度最高的纯色相或纯度较高的颜色，这样才能达到较戏剧性的对比效果。

在色相对比中，习惯采用的对比有下列数种对比：

1.红、黄、绿、橙、蓝、紫六色彼此之间的对比；

2.有彩色与无彩色(黑、灰、白)之间的对比；

3.有彩色与独立色(金、银)之间的对比；

4.无彩色与独立色之间的对比。（图 2-24）

橙色的对比中，色彩会与黑白色的围绕色对比，因为无彩色衬托，白色会使接近它的色彩转弱，黑色却使接近它的色彩更加耀眼。

各种色相由于在色相环上的距离远近不同，形成不同的色相对比。单纯的色相对比只有在对比的色相之间的明度、纯度相同时存在。所以研究色相对比是研究以色相对比为主构成的对比。

1.同一色相对比：色相之间在色相环的距离角度在 5°以内为同一色相对比，色相之间的差别很小，基本相同，只能构成明度及纯度方面的差别，是最弱的色相对比。

2.类似色相对比：色相之间的距离角度在 45°以内的对比为类似色相对比，是色相的弱对比。

3.对比色相对比：色相之间的距离角度在 100°以外的对比为对比色相，是色相的强对比。

4.互补色相对比：色相之间的距离角度为 180°左右的对比为互补色相对比；同时，色相环上的两色相混为黑灰色时的两色相就是互补色相，是最强的对比色。

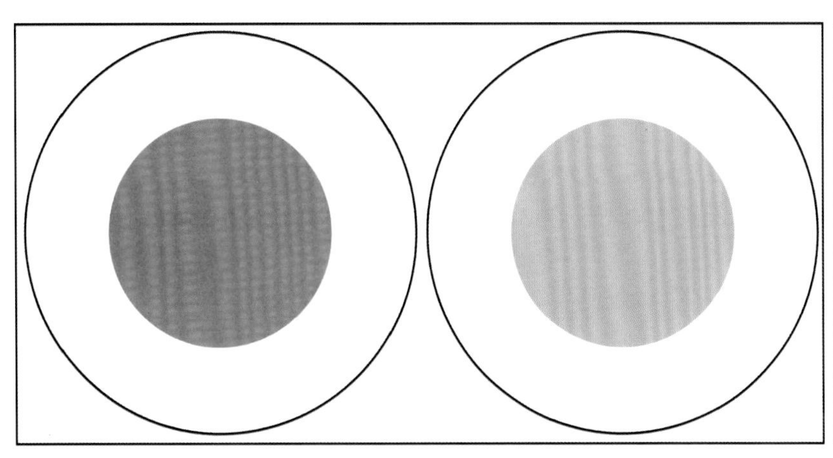
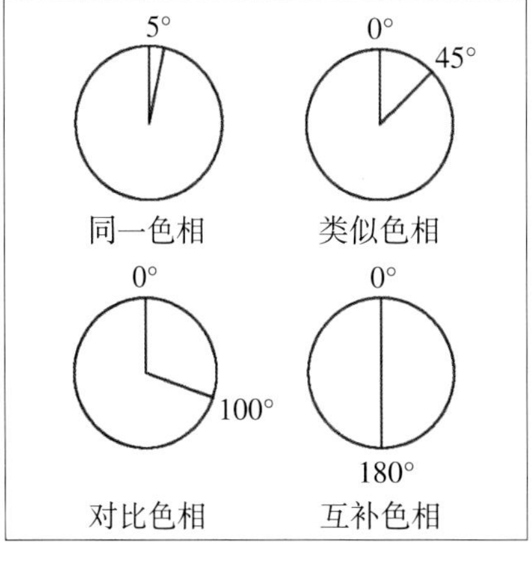

图 2-24

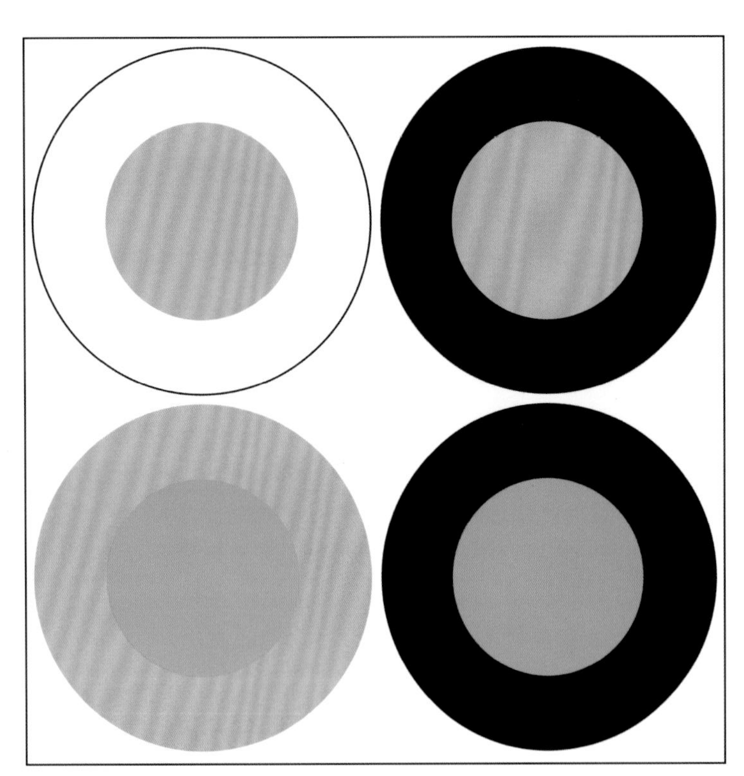
图 2–25　黑底上的绿看起来比灰底的浅

图 2–26

明度对比

两种不同明暗度的色彩并列而产生的对比反应，称为明度对比。其对比效果会使明色变得更亮，暗色变得更暗。由于光线是色彩的主要来源，因此，明度的对比比其他任何对比形式都要强烈。据数据显示，明度最大的比值比纯度最大的比值强三倍，对画面的影响效果也最大。

因为明度对比关系，白色上的灰色看起来较黑色上的灰色暗，其实是同一明度的灰。黑底上的绿看起比灰底的浅。（图2–25）

纯度对比

不同色系色相的不同纯度对比，会受背景色相的明度及色相差距的影响。比如，将同纯度的暗红放置于纯红和灰黑的背景中，纯红背景中的暗红比灰黑背景中的暗红纯度感低，这是由于纯红纯度强，对比性加强，灰黑纯度弱，对比效果降低所致。又如，大红色的两个同纯度色，分别安放于纯黄色及黄褐色背景中，由于明度比的关系，纯黄色背景中的大红色纯度降低，黄褐色背景中的大红色纯度升高。（图2–26）

红与蓝并排时会感到刺眼。相同地，渗绿的蓝色与橘色、渗黄的红色与渗灰的蓝色、红与绿等的组合也有这种感觉。而这些组合会让人感到刺眼，仅限于两种色相有相同的饱和度与明度。

利用色彩组合，可以表现更强烈的效果。红与绿、蓝与橘在饱和度最高时，亮度会相等。相对于这些颜色，蓝色在饱和度最高时，却比补色黄色感觉要暗。因此，同时看这两色时，才不会那么刺眼。

这种刺眼的效果在色彩图案设计上十分引人注目，所以在图或文字情报必须要在瞬间传达设计意图的广告、包装、宣传板等上经常使用。但这些色彩容易使人有不安定感，所以很少用在纺织品或室内装饰上。

补色对比

人的视觉有接纳整个光谱颜色的机能，因此，久久地凝视一个颜色时，便会牵动视觉感色神经，而在脑海中产生与该色形状相同、颜色相反的虚像，这种虚像被称为“补色残像”。

在色相环中(P.C.C.S.色相环除外)，互补的两色均位于直径的两端。互补的两个颜色互为一对，通称为补色对，如红与绿、黄与紫、蓝与橙、红紫与黄绿、青紫与黄橙、青绿与红橙等。

补色的两色并排或相邻在一起，会使人感到纯度均增加，色彩更明艳，这种情形被称为“补色对比”，在两色

图 2-27

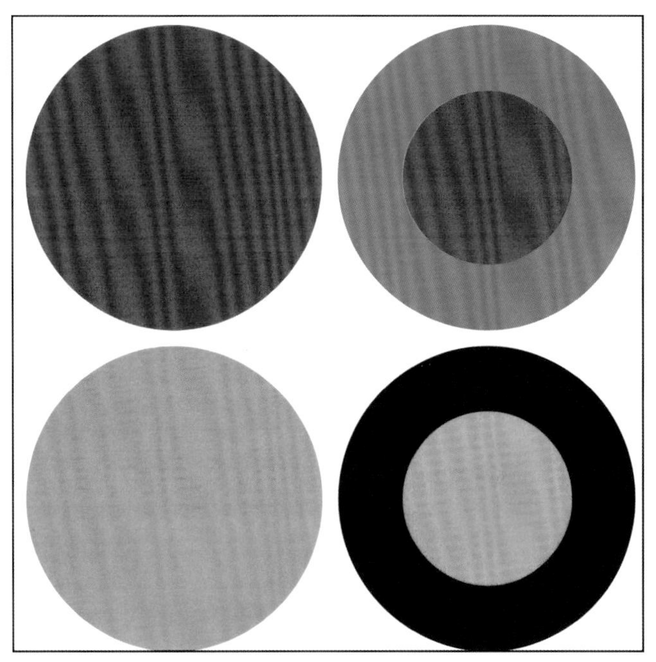

图 2-28

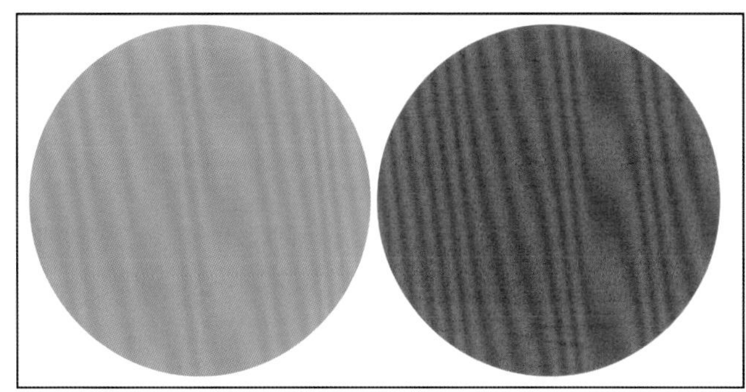

图 2-29

相邻的地方，由于两色的色浸润作用，形成一条重叠的暗色闪光虚线，叫做“色晕”或叫“色渗”。

互补色临近时，会产生强烈的对比。（图 2-27）

相同的色相中，置于补色中的色彩看起来比较鲜艳，在此称之为“互补色”。（图 2-28）

冷暖对比

在 12 色相环中，红、橙、黄等系统的颜色会刺激副交感神经，使血液循环加速，身体便不由自主地热起来。从色相来看，它们很明显地给人以温暖感，被称为“暖色系”。

绿、蓝、蓝靛等系统的颜色，会使血液循环降低，使身体产生凉快、寒冷的感觉，这类系统的颜色被称为“冷色系”。

这两种属性的色彩并置，可产生冷暖对比的感觉，也是活用色彩设计的一项重要技术。由于冷暖色系本身的对立性区分很明显，因此，在作冷暖对比时，最好使一方为主，另一方为辅来互相陪衬。

冷暖色对比时，蓝色会有后退感。（图 2-29）

（二）色彩的调和原理

色彩的对比因色彩的属性而产生，色彩的调和更是依色彩的属性和对比而产生，了解色彩调和的理论，即可建立色彩设计的用色技巧和配色原则。

以对比的立场来看色彩，任何色彩都有其基本的相异点所产生的冲突性；以调和的立场来说，任何颜色没有不相配的。色彩与色彩之间的相反关系，是一种对比关系；色彩与色彩之间的相似关系，则成为一种调和关系。调和关系的范围比对比关系的范围大，甚至于也可以将对比视为一种活泼、跃动、不安定的调和，关键在对其色彩安排时的定位。

1. 单色的明度、纯度调和

同一个色相按其明度变化或纯度变化所安排的调和效果，称为单色调和。这种调和只有一个颜色，不能加入其他色相，调和方式单纯，原则上只是将此色相转弱或提高其明度或纯度，形成另外一个同色相的比较色，与原来的颜色互相比较，产生调和作用。

这是一种在单色相中求变化的调和方式，简洁、有条理、统一、容易理解，但亦有单调乏味的缺点。

明度对比在色彩构成中占有重要的位置，色彩的层次、体感、空间关系主要靠色彩的明度对比来实现。在绘画上，我们把复杂的色彩关系画成素描，把丰富的色彩拍成黑白图片，都是把复杂的色彩关系还原为明度关系。同样我们用色彩来画静物、风景，用彩色照片来再现静物、风景，既表现静物与风景之间的色彩关系，也表现明度关系。如果在你表现的画面中，色彩关系没有正确地表现出明度关系，那么你的画一定会失去体感和空间层次感。

明度列：根据孟塞尔色立体，由黑到白等差分为九个阶段，形成明度列，每一个阶段为明一度，这个明度列即为明度标尺。为了配色方便，有时调成十二或十五阶段。黑白灰无彩色用 N 表示：N10 为理论上绝对的白，NO 为理论上绝对的黑，理论上绝对的黑、白在物体色颜料中根本不存在，所以略去。配色的明度差在三个阶段以内的组合叫短调，为明度的弱对比；明度差在五个阶段以上的组合叫长调，为明度的强对比。

以低明度的色彩（低明度色彩在画面面积上占有绝对优势，即面积在 70%左右时）为主构成低明度基调。

以中明度的色彩（中明度色彩在画面面积上占有绝对优势，即面积在 70%左右时）为主构成中明度基调。

以高明度的色彩（高明度色彩在画面面积上占有绝对优势，即面积在 70%左右时）为主构成高明度基调。

单纯明度对比，只有无彩色黑白灰之间的对比是单纯的明度对比，而其他均为以明度对比为主的构成，包括同色相、不同色相以明度为主构成的对比。

由于明度对比程度不同，这些调子的视觉作用和情感影响各有特点，一般为：

高明度基调令人联想到晴空、清晨、朝霞、昙花、溪流、化妆品……这种明亮的色调给人的感觉是轻快、柔软、明朗、娇媚、纯洁，如果应用不当会令人感觉疲劳、冷淡、柔弱、病态；

中明度基调给人以朴素、稳静、老成、庄重、刻苦、平凡的感觉，如运用不好也可造成呆板、贫穷、无聊的感觉；

低明度给人的感觉是沉重、浑厚、强硬、刚毅、神秘的，也可构成黑暗、阴险、哀伤的色调。

明度对比强时，如高长调、中间长调、低长调给人的感觉是光感强、体感强、形象的清晰程度高、锐利、明白。

明度对比弱时，如高短调、中间短调、低短调给人的感觉是光感弱、体感弱、不明朗、含糊、平面感强、形象不容易看清楚。

明度对比太强时，如最长调有生硬、空洞、简单化的感觉。（图 2-30）

高明度	N10 白
	N9
	N8
	N7
中明度	N6
	N5
	N4
低明度	N3
	N2
	N1
	N0 黑

N1~N3 为低明度

N4~N6 为中明度

N7~N9 为低明度

图 2-30

图 2-31　同色系调和

2.同色系调和

在一个色彩群中，每个不同的色彩均有某一个色相的色素存在，这一群色彩通称为该色的同色系。例如，在色相环中，红色、朱红色、橙红色、橙色、黄橙色、紫红色、紫色、紫青色等色彩群中，每一个颜色均由红色与其他颜色混色而得，这一个色彩群，便被称为红色的同色系。

同色系中的任何两色或两种以上的颜色互相并置产生的调和效果，称之为同色系调和。同色系中的颜色除了色相有些变化之外，明度与纯度也有变化，因此可产生较多的调和方式，在效果上比单色调和活泼、明朗、高雅、含蓄，但如果配置不当就会陷入暧昧、粘腻、缺乏个性、等误区。（图 2-31）

图 2-32

3.近似色系调和

就广义而言，同色系调和与近似色系调和有相同的意思，但要严格区分的话，近似色系可展的弹性及空间比同色系大，所呈现的调和也较活泼，同色系的大约范围为色相环中 36°角内的配色，近似色系调和范围则可以延伸到 72°角的宽阔空间配色。

近似色的调和原理，主要是靠各个类似色之间的共同点来产生调和作用，近似色调和时，主色与副色的重要性划分倒较不重要，明度、纯度变化也不像同色系那般受重视，反而比较注重各类似色相本身的饱和度，可以尽量去发挥争彩斗艳的本事，求得较富趣味，有跃动感、明快、年轻有劲的效果。也正因为如此，若是用色不当，就会造成不协调的感觉。

近似色调和——《坐着的香奴·爱漂特鲁奴的肖像》，1918年。（图 2-32）

图 2-33　对比色调和

4.对比色的调和

色相环里的对比色是指三个色系系统之中的任何两色之间的关系，对比色系统的相距以色环 360°为计算基础，距离呈 108°~144°的两色之间的相对关系，便会形成调和现象。由于对比本身具有排斥性，因此，最好避免同样程度、同样面积的对比，如在明度上能将某色升高或降低，在纯度上造成一强一弱，或使用面积一大一小，形成虚实、宾主关系为宜。（图 2-33）

5.补色调和

补色是属于绝对对立的颜色，彼此的排斥性强，属于极端不安定的配色。单独存在的补色产生残像或色晕;两色并立时，残像重叠，将发生双方纯度更饱和的现象，它们会互相强化，而取得光耀夺目、目眩神驰、活泼耀眼、灿烂辉煌的效果。

由于补色并置极易产生不安定性，因此，补色的配置尤须注意如何去减弱彼此争艳的牵制情形，以宾主、虚实、强弱的划分来强调一色为主色，落实主色的强势及面积，而将另一弱色作为衬色，才可能产生一种美丽而又和谐的感觉。

在色环上(P.C.C.S 除外)，互为补色的色彩成 180°角，是对立的两端，如红色与绿色、黄色与紫色、蓝色与橙色，都是补色。补色的调和如果处理得当，会华丽而甘美；处理不当则互相排斥，缺乏主题及重心，因此应特别注意。（图 2-34）

6.复色群调和

事实上，要制作一幅平面彩色作品，绝大多数都要运用多色调和的技术。将多种色相组成有规律的、调和的复色群，是研修色彩学的重要课程。认识了众多颜色之后，组合颜色、驾驭颜色的功力就完全要看多色相调和的技术了。在练习复色群调和技术前，当然要在彻底了解复色群调和原理之后才能展开。
复色群调和的种类很多，大致上不脱离下列几项原理：

三色调和=主色+副色+衬色；

四色调和=主色+副色组+衬色组；

五色调和=主色+副色组+衬色组；

六色调和=主色+副色组+衬色组；

其他调和=主色+副色组+衬色组。

由上述数例得知这个公式是主色、副色、衬色所组成的配置三角定律，现说明如下：

主色——等于整个结构的重点或主题，该颜色在位置上必须处于最显眼处，在颜色的选择上必须是最鲜明的颜色，在意义的表达上必须切合题片，在面积上则视结构而定，不可过大而分散注意，也不可过小而不够显著。通常，主色在复色群补和结构中只有一个色或一个色系。

图 2-34　补色调和

副色——作为陪衬主色或与主色互相呼应而产生的对立色，通常安排于主色的旁边或相关位置上，颜色不可比主色显眼，相关位置的重要性不可重于主色，在题旨上可与主色对立或陪衬，以突显主色，副色可以由单色或色系构成的色群组合而成。

衬色——又称为底色，是指主色及副色外的颜色，其目的在于衬显出主题来，因此，衬色的选用原则须是最不显目而又可突显主色的相对色系，衬色的数量可以是一个颜色或一组颜色系或一套复色群，颜色最好以弱色、灰暗或淡色的第三次色为主，在衬显功能上具有较好效果。（图 2-35）

图 2-35　复合色群调和

7.渐变调和

所谓渐变调和，是指一项色彩依明暗、鲜艳度(纯度)、混色度等原理分成明细色阶，多色阶组合成依序变化而形成的调和方式。渐层结构的特色是注重定性阶层的变化，有秩

图 2-36　渐变调和

图 2-37　无彩色与有彩色的调和

图 2-38　明暗度的调和

序，色感华丽，引人注目，色感温柔而美丽。高度的相关性关系，可将两个极不和谐的颜色变成极和谐的关系。(图 2-36)

8.无彩色与有彩色的调和

由于灰色(无彩色)有诱导色彩残像的作用，一方面，说明无彩色是种中性色，另一方面，也说明了无彩色有随形赋影、随色赋彩的万灵效果。因此，有彩色与无彩色的调和便形成绝对性的依存关系。(图 2-37)

9.明暗度的调和

明暗度的调和是一个调和色彩与色彩或色彩群之间的定律，不管颜色本身具有多大的冲突性或是相斥性，只须在各色彩之间以明暗度来区分其色阶、组合的结构，这样也可以产生出调和作用来。(图 2-38)

七　色彩的感觉

(一)暖色与寒色

将色环上的色彩以冷、暖的感觉分类，即可分出偏向温暖感觉的色彩系统和偏向寒冷感觉的色彩系统——前者称为“暖色系”，后者称为“冷色系”。

照一般方法来分，暖色系的颜色大致有红色、朱红色、橘红色、橙色、黄橙色等，冷色系的颜色则有蓝色、蓝绿色、绿色、蓝紫色等。而冷暖色之间尚有一个介于他们之间的、很难以微细的感觉区分的色彩系统。例如，纯黄色看起来似寒似暖，蓝调的黄或红调的紫看起来也似暖似寒，很难确定。又例如，绿色是黄色和蓝色的混色，是混色中最接近寒冷的颜色;红与蓝的均匀混色是紫色，却又趋向于中性或暧昧的色系，这个时候的冷暖则需要以另一个颜色性质来比较，以便以感觉来区分冷暖。而这一组中间性质的色彩群，则被称为中性色。

冷色与暖色的两种不同特性：

暖色——波长较长、热情、积极、奋发、膨胀、兴奋、温馨、外向、厚重、刺激、活跃、努力、主动；

冷色——波长较短、消极、安静、松弛、幽

图 2-39　冷色与暖色

深、沉着、内向、轻、后退、收缩、冷漠、安静、薄弱、思念、凄凉、沮丧、忧郁、平衡。(图 2-39)

(二)积极色与消极色

不同的色彩刺激我们，使我们产生不同的情绪反应，能使人感觉鼓舞的色彩为积极兴奋的色彩，而不能使人兴奋、使人消沉或感伤的色彩称之为消极性的沉静色彩。影响感情最厉害的是色相，其次是纯度，最后是明度。

色相方面：红、橙、黄等暖色，是最令人兴奋的积极的色彩，而蓝、蓝紫、蓝绿等给人的感觉沉静而消极。

纯度方面：不论暖色与冷色，高纯度的色彩比低纯度的色彩刺激性强而给人的感觉积极，其顺序为高纯度、中纯度、低纯度。暖色则随着纯度的降低而逐渐消沉，最后接近或变为无彩色而为明度条件所左右。

明度方面：同纯度的不同明度，一般为明度高的色彩比明度低的色彩刺激性大；低纯度、低明度的色彩是属于沉静的，而无彩色中低明度一带则最为消极。(图 2-40)

积极色

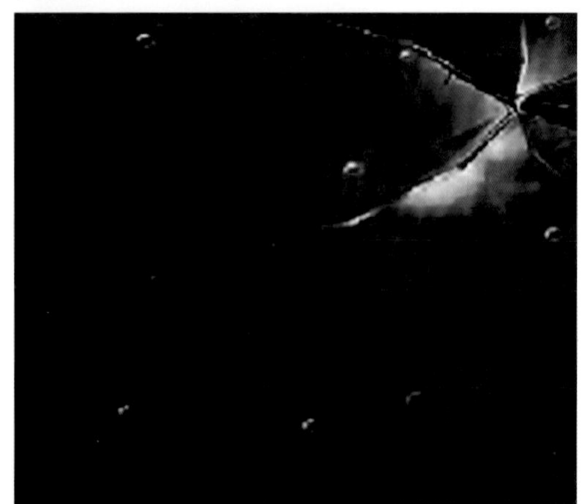

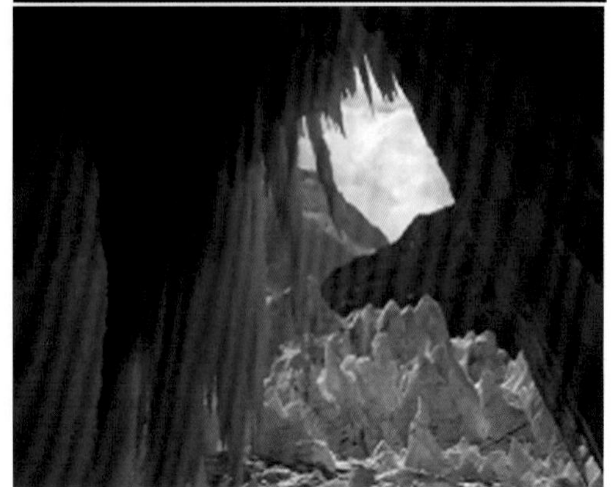

消极色

图 2-40

冷色具收敛性,室内空间相对拥挤狭小

浅淡的色彩具有扩张性,使房间看起来宽敞明亮

图 2–41

(三)膨胀色与收缩色

相信很多人都有过由于所穿衣服的颜色不同而产生胖瘦不同的错觉。就明度而言,亮色有膨胀感,暗色有收缩感;就色相而言,暖色有膨胀感,冷色有收缩感;就纯度而言,纯度高的色彩有膨胀感,纯度低的色彩有收缩感。服装设计师常利用色彩收缩与膨胀的错觉来改变人的体形外观,室内设计师也常用这种错觉来扩大或缩小室内空间。(图 2–41)

(四)轻的色与重的色

颜色给人的感觉,除了质感之外,还有轻重感。色彩的轻重感与纯度、明度、冷暖等特性有关系,分述如下:1.纯度极高或极低的两类颜色,在感觉上较中纯度的颜色重,中纯度的颜色最轻;2.明度高的色彩较明度低的色彩轻,明度愈低看起来愈重,明度愈高看起来愈轻;3.暖色系的色彩看起来较重,冷色系的色彩看起来较轻。(图 2–42)

深暗的调子更具重量感

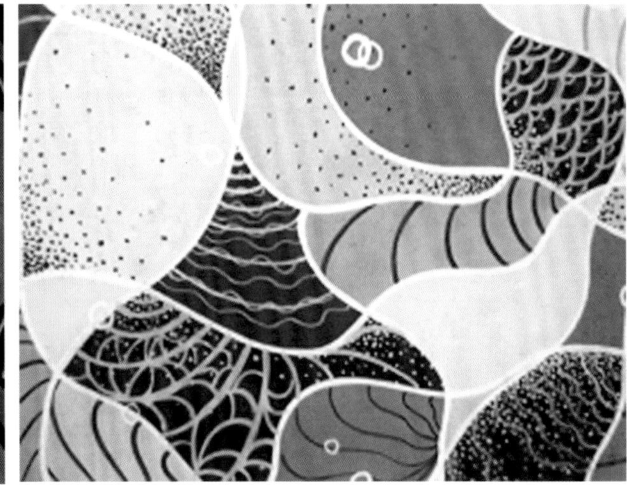

浅淡的调子就像天空飘着的云彩

图 2–42

图 2-43

(五)华丽的色与朴素的色

色彩的系统中,亦有华丽与朴素之分。这些感觉与纯度、明度有密切关系。

华丽的颜色必然鲜艳、亮丽,色彩饱和,色调活泼、强烈,因此大都属于纯度高、明度高的色彩系统。

朴素的颜色必然朴实无华,色彩浊而钝,色调冷漠、柔弱、灰暗,因此大都属于纯度低、明度低的色彩系统。(图 2-43)

(六)柔软的色与坚硬的色

在色彩感觉中,亦可分出柔和与坚硬的色系种类来,这是因为色彩的柔和与坚硬跟色彩的明度和纯度有关系。

就柔和的色彩而言,明度较高、纯度较低的颜色通常倾向于柔和。相反,明度低、纯度高的颜色,则会给人以坚硬感。就无彩色的色彩而言,高明度的白色及低明度的黑色较坚硬,中明度的灰色则较柔和。就冷暖色而言,暖色系较柔和,冷色系则显得较“坚硬”。(图 2-44)

(七)四季的色彩

1. 春季的色彩

春季型色彩属于暖色系,是以黄色为主色调的各种明亮、鲜艳、轻快的颜色。在色彩调和上,主色与点缀色之间应出现对比,适合用有光泽、明亮的黄金色。

低纯度、高明度的中性色与直线或尖角等结合易使人想起坚硬的物体

同样是直角与尖角的组合,由于色彩变成了造型高明度、中性色彩而带给人软的感觉,这就是色彩的魅力

图 2-44

图 2-45

图 2-46

注意千万不要让那些厚重的颜色盖住光芒。在四季色彩中，春季型色彩永远给人一种年轻、活泼、亮丽的感觉，仿佛春天里姹紫嫣红的鲜花。

春季型色彩的服饰基调属于暖色系中的明亮色调，如同初春的田野，微微泛黄。服饰中的画龙点睛之笔是春季色彩群中最鲜艳亮丽的颜色，如亮黄绿色、杏色、浅水蓝色、浅金色等，都可以作为主要用色穿在身上，突出轻盈朝气与柔美魅力同在的特点。（图 2-45）

2. 夏季的色彩

夏季型色彩，清丽雅致如同一幅恬静的水彩画。为了不破夏季型色彩独有的亲切温和的感觉，在色彩调和上应尽量避免反差和强烈的对比。只有在相同色系或相邻色系中进行浓淡搭配，来表现出夏季型色彩。碧蓝如海的天空，静谧淡雅的江南水乡，轻柔写意的水彩画……是大自然赋予夏天的一组最具表现力的清新、淡雅、恬静、安祥的色彩……夏季型色彩给人以温婉飘逸、柔和亲切的感觉。如同一潭静谧的湖水，会使人在焦躁中慢慢沉静下来，去感受清静的空间。夏季型色彩特征决定了轻柔淡雅的颜色才能衬托出温柔、恬静的气质。

夏季型色彩属于冷色系的人，颜色以轻柔淡雅为宜，最佳色彩搭配为蓝、紫色调，不适合有光泽、沉重、纯正的颜色，而适合轻柔、含混的浅淡颜色。（图 2-46）

图 2-47

3.秋季的色彩

枫叶红与银杏黄相辉映的秋天，整个视野都是令人炫目的充满浪漫气息的金色调。金灿灿的玉米、沉甸甸的麦穗与泥土的浑厚、山脉的老绿，交织演绎出秋天的华丽、成熟与端庄……秋季型色彩端庄而成熟，匀整而瓷器般的颜色、沉稳的色相给人一种处事不惊的平稳，正如大自然的秋天带给我们的浓郁、丰盈一般，秋季型人是华丽而富饶的。

秋季型色彩包括：橘红、砖红、咖啡红，浓郁的暖绿色，如黄绿色、橄榄绿、芥末绿、杉叶绿，浓郁的紫蓝，土耳其玉蓝、绿蓝，所有带金黄色调的黄，所有的橘色系，浓郁的而偏黄的紫色系，任何珊瑚、杏桃、鲑鱼色，所有的棕褐色系带有一点儿咖啡色或橄榄色暗示的铁灰色，任何带有黄调的白，如象牙白、米白色(只要不是纯白色就可以)，所有的金色。（图 2-47）

4.冬季的色彩

冬季型色彩基调体现的是“冰”色，即塑造冷艳的美感。原汁原味的原色，如以红、绿、宝石蓝、黑、白等为主色，冰蓝、冰粉、冰绿、冰黄等皆可作为配色点缀其间。冬季型人只有搭配，才能显得惊艳、脱俗。（图 2-48）

图 2-48

酸用较冷的颜色，比如淡黄、淡绿、青绿等等

甜用较暖的颜色，比如鲜红、橘红等等

图 2-49

（八）酸甜苦辣的色彩

生活中有阳光明媚，也有阴雨霏霏；有酸甜，也有苦辣。目标明确、心态乐观等等都是甜，反之则是苦。生活中的滋味往往不是单一的，而酸甜苦辣交织在一起，甜中有苦，苦中有甜，先甜后苦，先苦后甜，以甜为苦，以苦为甜等等，不一而足。色彩中的酸甜苦辣虽然是根据大多数人的色彩心理来说的，但是却有着其自身的色彩规律。（图 2-49、图 2-50）

苦用较深、灰一点儿的颜色，比如咖啡色、灰黑色等等

辣用很暖的颜色，比如大红、深红等等

图 2-50

VENEXIANA

第三章 解读服装色彩语言

一　服装色彩语言的内涵

服装色彩仿佛一种无形的语言，每种服装色彩都有其特定的内涵，所表现出来的情感和性格也都是丰富且富有变化的。服装色彩语言就是色彩心理功能的体现，服装色彩的心理功能包括服装色彩的联想功能、意象功能。下面将对主要的几种有彩色与无彩色，即服装色彩所传达的语言特征进行分析。

(一)红色服装

1. 红色的表现特征

红色服装因其代表热烈、喜庆和生命而受人们的欢迎，是中国的吉祥色。由于红色光波最长，红色在视距较远的情况下也能识别到，具有刺激兴奋的视觉冲击力，明亮的红色常作为交通标志、信号灯装置的色彩。在视距较近时所看到的红色让人视觉感格外艳丽，一向被认为是大吉大利的色彩。民间宗教活动中红色被赋予驱除邪恶、逢凶化吉的意义。深红色、酒红色等随着色彩明度、纯度的加深，喜庆的意义也逐渐淡出。

2. 红色服装的表现特点

红色容易让人产生喜悦、热情的印象，一般过年过节或婚嫁做寿时常穿着红色服装，所表现的喜庆、喜悦感油然而生。穿着鲜艳的红色服装的人无形之中很好地传达出热情、活力。红色是带有情绪激动，甚至愤怒的色彩语言，因此，革命时期服装中的红色是战斗及正义的象征。同时，传统的大红色服装还代表了些许残余的封建意识形态，服装中若配合大红暗花缎、朱红碎花布等色彩都具有保守、守旧的负面涵义，红色的这种负面联想常被用在对一些危险人物服装的装扮刻画中。(图 3–1)

使用不同质地的面料使红色具有丰富的性格，在各种场合中红色服装出现的频率很高，能满足人们不同年龄、不同肤色、不同职业的审美需求。此外，对红色的鲜艳度和色彩面积的把握十分重要，可避免红色在服装中过于显眼和庸俗。(图 3–2)

图 3–1

图 3–2

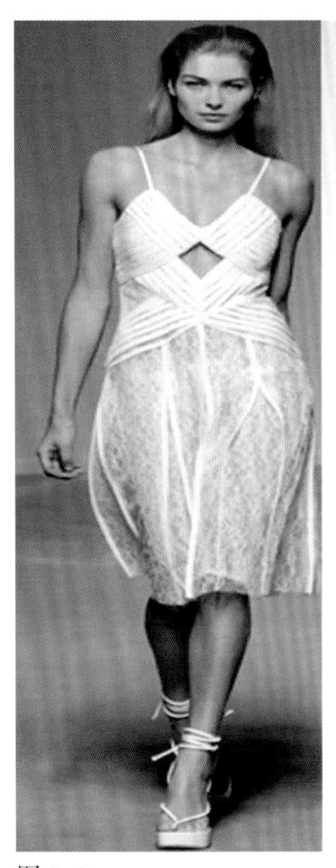

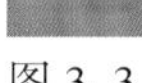

图 3-3

(二)黄色服装

1. 黄色的表现特征

在传统五色中黄色居中央，象征大地之色，奉为色彩之主，居于诸色之上，代表财富、权力和威望。汉代以后历代王朝以黄色为皇家专用色，除了佛教弟子采用黄色道袍之外，到唐代民间百姓开始禁穿黄色服装，否则有犯上之嫌，习俗延续到清朝。黄色的亮度在有彩色系中最高，其反射性高，仅次于白色，具有光辉、明快、灿烂的意义。而在西方一些国家因宗教信仰和风俗习惯的差异，黄色是不受欢迎的色彩，带有贬义，有低俗、叛逆的意思。在服装设计中黄色是最适合于休闲着装的颜色，如今鲜黄色开始渐渐地在女士的夹克衫和男士领带的配色中变得常见起来。无论这个人的皮肤是白皙的、橄榄色的还是藏青色的，黄色都会使这个人看起来很不错。这种颜色适用于正式的衣服款式，比如西装，还有通常的运动外衣、衣裙以及长裤这些款式。(图 3-3)

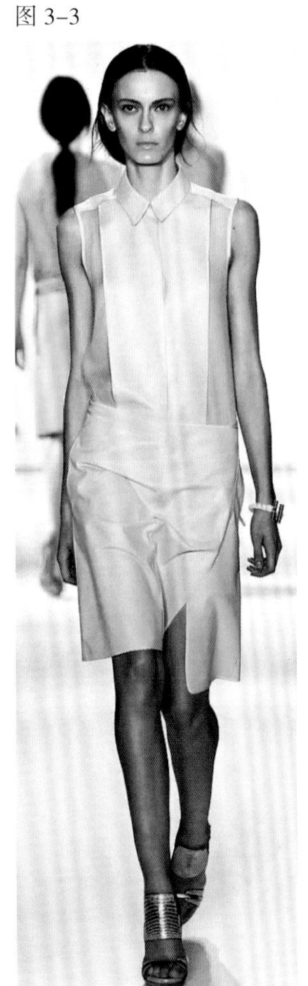

图 3-4

2. 黄色服装的表现特点

运用黄色服装容易引起注意、提示危险，具有视觉延伸扩张性。对运动员穿的运动服来说，黄色则是很好的选择，它让人能直接感受到运动员的活力。另外，芽黄、浅黄、淡黄用在婴幼儿的服装上，会使孩子显得更加娇嫩；欢乐的黄色用在服装上，靓丽的色彩可以让心情也跟着雀跃起来。但黄色过亮或面积过大都会形成视觉刺激，不适合体态偏胖的人群穿着，可用少量的明黄色与深橄榄绿色等搭配来烘托服装色彩的美感。因此，需注意处理好黄色服装的配色比例，运用各种方式进行色彩调整。(图 3-4)

(三)橙色服装

1. 橙色的表现特征

橙色可以给人以温暖、成熟、饱满、华丽、辉煌的感觉,最能够诱发人的食欲。橙色的刺激作用没有红色强,但它的注目性很强,既有红色的热情又有黄色的明亮,是人们普遍喜欢的颜色,具有极强的亲和力。橙色与黑、白、灰的调和:加入白色——使人感到细腻、温馨、柔润、轻巧,加入黑色——使人感到沉着、安定、深情、古雅、悲观、拘谨,加入灰色——使人感到枯萎、干燥。

2. 橙色服装的表现特点

橙色服饰主要以醒目为主,如环卫工人的服饰、工程技术人员的服饰都以橙色作为主要的制服颜色,橙色的醒目性能让环卫工作者在城市交通道路上工作时,让来往的汽车较远就能分辨出环卫的人员,最大程度地避免交通事故;同样,在工程技术领域的工程器械操作者也需要橙色的服饰,以减少工程事故。而橙色作为一种醒目的颜色并不只是运用在职业化的服饰领域,在夏装中橙色服装也经常出现,给人以清凉的感觉。(图 3-5~图 3-8)

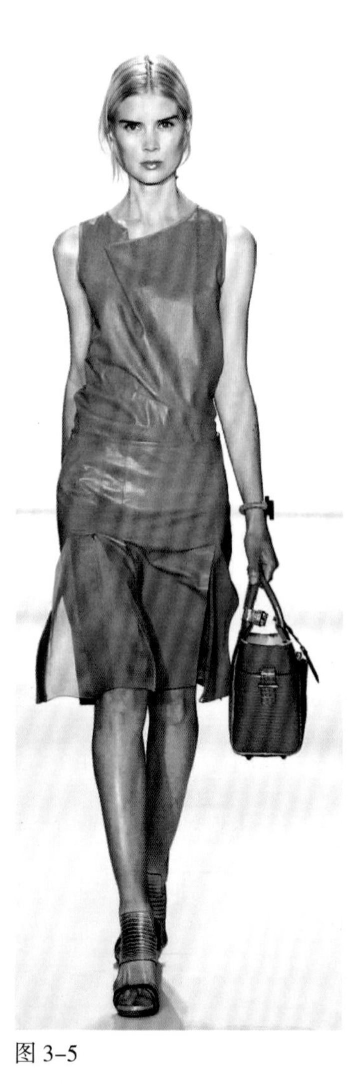

图 3-5

图 3-6

图 3-7

图 3-8

（四）绿色服装

1. 绿色的表现特征

往往用绿色来形容春天的来临，绿色是最能体现大自然的颜色，是充满希望的颜色，绿色会显得那么有生机，体现动感的韵律。在我国传统色中绿色居于东方，代表木。绿色是安定的颜色，当人用眼过度时看看绿色的青草和树木，可得到很好的放松，缓解疲劳，柔和的绿色最易被人眼接收。绿色是中性色，最稳定的颜色，没有刺激性，给人凉爽之感。（图 3–9）

2. 绿色服装的表现特点

绿色的变化也很多，应用面很广，如邮政制服的橄绿色、陆军作战制服的军绿色等。中等明度的雁绿色用来配搭天蓝色等可以给人宁静、开阔的感觉；暗绿色用来配搭石棕色、墨蓝色等深色往往给人过于沉静、晦暗的感觉。如果用轻柔的草绿色、祖母绿、森林绿、淡黄绿，那么无论配优雅的正装还是随意的休闲装都一样和谐而相得益彰。发现绿色的不同冷暖倾向，绿色服装会呈现出不同寻常的颜色搭配的新鲜感。（图 3–10、图 3–11）

图 3–9

图 3–10

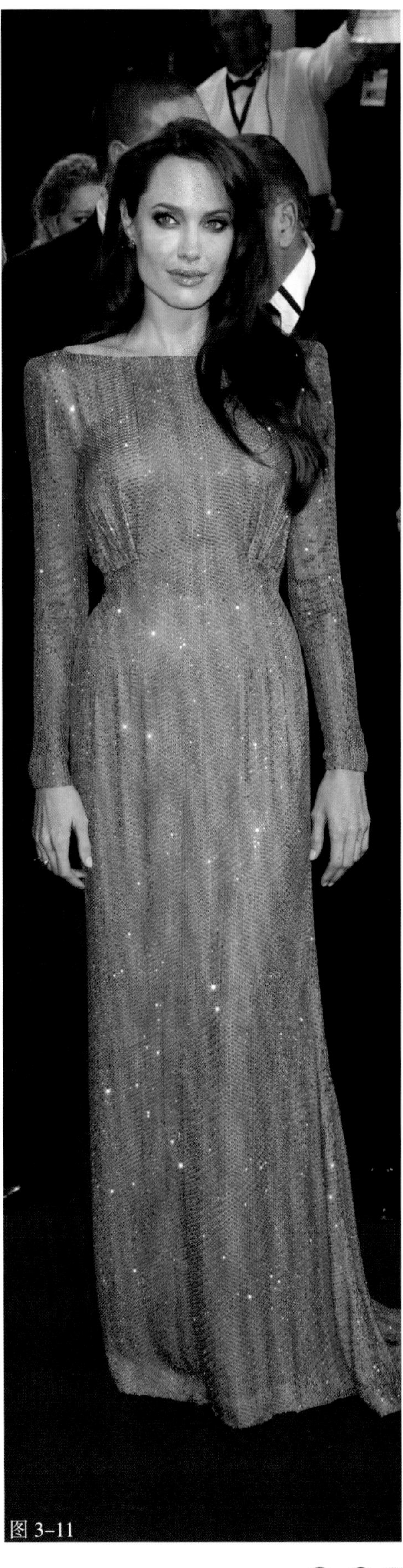

图 3–11

(五)蓝色服装

1. 蓝色的表现特征

天空和海洋的颜色无限广阔、深邃,代表无限的生命和神圣。正规的深蓝色服装,给人以庄重、威严感。浅蓝或钴蓝色的服装,年轻人穿着犹如晴空万里,给人以明丽深邃之感。蓝色具有无限的包容性,既可用在礼仪服装上,又可用于日常服装或劳动服装中。比如,大型工矿企业的蓝色工装,还有办公室职员穿着的藏蓝色套装。蓝色在各个行业、各种场合都能得到很好的诠释和发挥。

2. 蓝色服装的表现特点

在所有颜色中,蓝色服装最容易与其他颜色搭配。不管是近似于黑色的蓝色,还是深蓝色,都比较容易搭配,而且,蓝色具有紧缩身材的效果,极富魅力。生动的蓝色搭配红色,使人显得妩媚、俏丽,但应注意蓝红比例适当。近似黑色的蓝色合体外套,配白衬衣,再系上领结,出席一些正式场合,会使人显得神秘且不失浪漫。曲线鲜明的蓝色外套和及膝的蓝色裙子搭配,再以白衬衣、白袜子、白鞋点缀,会透出一种轻盈的妩媚气息。再比如,上身穿蓝色外套和蓝色背心,下身配细条纹灰色长裤,呈现出一派素雅的风格;灰色细条纹可柔和蓝灰之间的强烈对比,增添优雅的气质。蓝色外套配灰色褶裙,是一种略带保守的组合,但这种组合再配以葡萄酒色衬衫和花格袜,显露出一种自我个性,从而变得明快起来。蓝色与淡紫色搭配,给人一种微妙的感觉,上身穿淡紫色毛衣,下身配深蓝色窄裙,即使没有花哨的图案,也可在自然之中流露出成熟的韵味。(图 3-12、图 3-13)

图 3-12

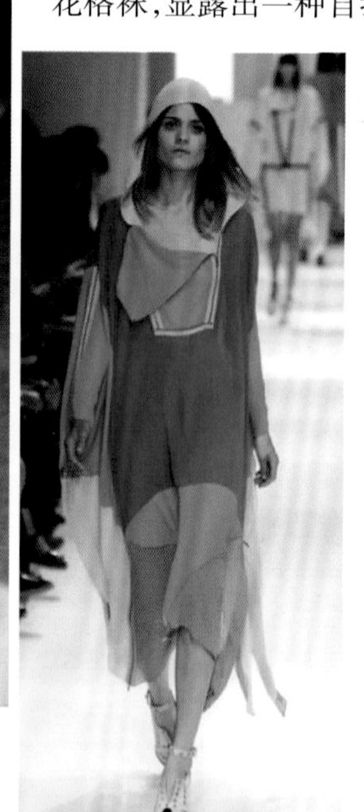

图 3-13

（六）紫色服装

1. 紫色的表现特征

紫色是波长最短的可见光波，具有极不稳定、难以把握的特征。古代紫色在日常生活中的运用就不多见，物以稀为贵，紫色也是象征高贵的色彩，极具优雅的美感。在商业设计用色中，紫色也受到一定的限制，除了和女性有关的商品或企业形象之外，其他类的设计表现灵感、情绪化的产品以紫色为主色。只要是自然的紫色都内含大量红色的光，触动内在热情并化为行动力；而偏蓝的紫色，则能带给你和谐、冷静的力量，能带来内在灵性的和谐与内心的宁静。（图 3-14）

2. 紫色服装的表现特点

紫色是非知觉的色，它浪漫而又神秘，具有强烈的女性化性格，给人深刻的印象，它既富有威胁性，又富有鼓舞性。紫色较难搭配，同时也是孤独、自尊的象征。紫色处于冷暖之间游离不定的状态，加上它的低明度性质，构成了这一色彩心理上的消极感。与黄色不同，紫色服装不能包容许多其他色彩，但它可以容纳许多淡化的层次，一个暗的纯紫色服装中只要加入少量的白色，就会成为一种十分优美、柔和的女装色彩。随着深浅明暗的变化，紫色服装可产生出许多层次。多层次的紫色组合，会显得柔美，优美的紫色晕色具有沁人心扉的魅力。（图 3-15）

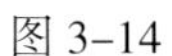

图 3-14

图 3-15

图 3-16

图 3-17

图 3-18

图 3-19

图 3-20

(七)白色服装

1. 白色的表现特征

白色在我国传统文化中属正色，五行中居西方。少数民族中，蒙古族崇尚白色，蒙古贵族称自己的民族为“查干牙孙”(白色民族)，满族也崇尚白色，认为白色是天穹、神灵以及日月星辰的本色。白族以白色象征高尚、纯洁、吉祥。纳西族用白色作为光明、吉祥、善良的象征。(图 3-16~图 3-18)

2. 白色服装的表现特点

西方婚礼服喜白，基督教中白色是理想天国的象征，是上帝的象征。古希腊之神宙斯穿的白衣，埃及之神也以白布缠身。常用于社会的各个层面，如医生、僧侣服装，传送着和平、纯洁、高尚，甚至客观冷静的情绪。与革命的红色相比，白色还含有保存的意思，投降或休战时举的就是白旗。白色是人们夏季服装的首选色，因为它给人以清洁、凉爽的感觉。这一点也符合物理学的光学原理，因为白色是将光全部反射后的视感觉，由于白色不吸热或吸入很少的热，所以穿白色的服装感觉比穿黑色的服装凉爽。白色是很容易搭配的服装色彩，也是很好的调和色。(图 3-19、图 3-20)

（八）黑色服装

1. 黑色的表现特征

代表庄重、正气、刻板，是最深沉的颜色。我国传统京剧包公的黑色面孔就是刚正不阿的象征。中国传统的五色中，黑色代表北方，冬天大地一片萧瑟，代表黑暗、寂寞。而西方绅士参加正式场合所穿的燕尾服偏爱黑色，体现庄重、成熟。

2. 黑色服装的表现特点

黑色是服装配色中重要的角色。黑色具有高贵、沉闷、深沉的性格，因此，黑色服装是西方上层人士的礼仪性服装。现在，黑色进入了普通人的生活，在社交场合，黑色既能显现着装者的高雅，又能体现装扮者的尊贵。黑色是个多变的颜色，与服装中的不同色彩搭配，时而前卫，时而青春逼人，别有一番风情。

黑色所表现的内涵一般是多层面的，其蕴含的感情也是丰富且矛盾的。黑色既可作为礼服色，也可作为丧服色，亦可代表时髦和前卫。黑色表现出积极的一面，联想到庄重、严肃、坚毅、沉思、安静、永久、神秘等；也表现出消极的一面，联想到黑暗、沉默、恐怖、冷酷、悲痛、死亡、阴谋、邪恶等。正由于黑色的多义性，所以其在服装设计上也存在多重性的特点。黑色服装的积极性已经得到广泛的认可。黑色已经成为男子礼服的经典标志，代表着上流社会男性的绅士风度。另外，我国少数民族的服装多以黑色或蓝色作为主色调，形成朴素、凝重之美。黑色服装的消极性，主要表现在宗教领域和丧事方面。中国的道教借助服饰的黑色来反映其无欲无求的思想。（图 3-21）

图 3-21

(九)灰色服装

1. 灰色的表现特征

灰色服装是平衡、低调的代言。灰色是白色和黑色平衡的结果，灰色的补色也是其本身。灰色服装让人产生谦逊、成熟、智能、中性、平凡的联想，但也常意味着失意、消沉、疲倦、悲伤、喜怒无常、优柔寡断等情绪，通常引发细腻、微弱的情感变化。(图 3-22)

2. 灰色服装的表现特点

灰色在服装中应用广泛，给人一种温文尔雅、绝不哗众取宠的印象，灰色服装除其明度外更应注重面料质感上的差异变化，精纺毛呢呈现出高雅、谦逊及古典主义的服装色彩；而光滑灰色涂层面料的运用可以传达出智能化的科技服装色彩。(图 3-23~图 3-25)

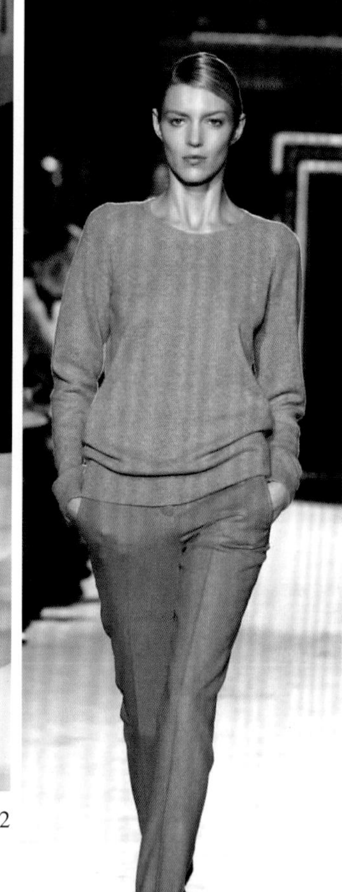

图 3-22

二　服装色彩语言的感性特征

若想让服装的色彩在着装上得到淋漓尽致的发挥，必须充分了解服装色彩的感性特

图 3-23

图 3-24

图 3-25

征，恰到好处地运用色彩传达不同视觉观感。下面对主要的几种服装色彩所传达的感性特征进行分析：

(一)服装色彩的冷暖感觉

我们知道服装色系也分为暖色系、冷色系、中性色系三大类，通过不同服装的色彩色系，往往可以带给人们不同的温度感受。同样的暖色系服装，如果色彩的饱和度愈高，其温暖的特性愈明显；而在冷色系服装中，如果色彩的亮度愈高，其寒冷的特性也就愈加明显。

从图 3-26 两款金色晚装色彩的比较中可得知，通过改变同一款金色晚装的色彩，比较后会明显感觉到暖色系的服装色彩，如果将这种暖色的饱和度提高，那么会使其传达的温暖的色彩特性更加明显。

从图 3-27 服装色彩的冷色调比较中可以发现，通过改变同一款 Burberry 冷色调的服装色彩，右边这款冷色调显得清凉爽快，而左边的粉绿色服装色彩则显得更为冰冷些。因此，对于冷色系的服装色彩，如果我们所运用的色彩纯度越低，会使服装所传达出的色彩寒冷特性愈明显，即冷色系色彩的纯度愈低，其寒冷特性愈明显。

图 3-26　金色晚装的冷暖特性比较

(二)服装色彩的轻重感觉

服装产生的不同轻重感觉，大多取决于视觉上的色彩印象。从视觉感受来判断，深浅色彩往往传达出了视觉轻与重的不同分量感。浅色向外扩散，分量轻；深色有内聚感，分量重。从服装色彩中得到的分量感，不只是单一由颜色决定，还与颜色所附着的质地密切相关，是质感与色感的复合感觉。

从图 3-28 可看出，NETIGER 品牌的两款立领改良旗袍连衣裙装色彩配搭得都十分协调，但明艳的朱红色服装给人更为轻快活泼的感觉，律动感更强，显得朝气而富有活力；而以黑色为主基调的旗袍裙装则呈现出更为凝重、内敛、含蓄的美感。

图 3-27　冷色调服装的冷暖特性比较

图 3-28　礼服色彩的轻重特性比较

图 3-29　暗条纹裙装色彩的轻重特性比较

图 3-30　相同色彩但质感不同产生的轻重感有差异

图 3-31　上下装色彩轻重感的变化

从图 3-29 可看出，两款裙装都采用暗条纹色彩，左图由红、蓝色组合为主的条纹色彩较浅，无形之中也带给人一种更为惬意而年轻的感觉，而右图暗条纹以黑色为主基调的裙装则较为凝重而深沉。

如图 3-30 中，三款同为白色的服装，但由于面料不同，传达的色感也截然不同，A 款为 DKNY 品牌 2009 年秋冬的作品，白色宽松毛衣与紧身白裤一张一弛，丰富的毛线编织肌理效果营造出雕塑般的厚重感；B 款连衣裙为 Oscar de la Renta 品牌 2009 年的作品，白色略带有丝光的感觉，在光亮处会有微妙的明暗变化，柔软织锦面料，演绎成熟韵味；C 款白色夏裙为 D&G 品牌 2010 年秋冬作品，半透明的白色雪纺纱使白色越发单纯，由于透明度的变化，白色呈现出有虚有实的舒缓旋律，清新、飘逸，整体分量感最为轻盈。

如图 3-31 中 A 款以浅米色为主色，辅以浅驼色，上下装色彩一致，淡雅、温馨，也最为轻盈；B 款上衣大翻领的深褐色，让整体柔和，驼色外套增加生气，同时使色彩的分量感随之加强；C 款上浅下深，褐色裤装使整体效果趋于宁静稳重，色彩的分量感很强，显得较重。

(三)服装色彩的膨胀性与收缩性

色彩不同，给人不同的面积感觉。色彩的胀缩还与色调密切相关：暖色属膨胀色，冷色属收缩色。处理并利用这一特性，若想冷色调显得更饱满，可适当增加外形膨胀感。

图 3-32　服装色彩的膨胀与收缩特性比较(UNIQLO 2009 秋季)

如图 3-32，同一个着装者通过穿着不同色彩的男装后，可以呈现出不同的身材效果：右边的灰色系男装显得最为收缩，使着装者身材得到修饰，显得更为苗条、素雅而具有绅士风度；中间一套蓝绿色男装最接近着装者原有的体型；而左边的明亮玫红色给人感觉最有张力，使着装者略显饱满。

可见，色彩的膨胀与收缩感和服装整体的冷暖色调、深浅明度以及造型材料都息息相关。当然，若想让冷色调服装显得饱满些，可适当增加外形膨胀感。

图 3-33　服装色彩的兴奋感与沉静感比较(Burberry 2012 春夏)

(四)服装色彩兴奋感与沉静感

对比效果强烈的或者色彩本身醒目抢眼、响亮的，这些色彩在心理上极有号召力，这种色彩效果既富有刺激感，又符合人的视觉平衡，故常使人感兴趣，不自觉中会感到兴奋；相反，色彩单一又或者对比效果单调，会让人感到统一和谐，在心理上产生平静的状态。

图 3-33 通过改变同一款服装的色彩，比较后我们会发现，左边的这款色彩纯度较低，色彩也越接近沉静；而右边的暗花纹色彩组合后对比越强烈，越容易产生兴奋感。

同样的彩色系服装，有的给人的感受就较为活跃、兴奋，有的则较为稳重和沉闷。这种感受常带有积极或消极的情绪。色相中红、橙等暖色使人想到热血、斗争而令人兴奋，蓝、青使人想到平静的湖水、蓝天，从而使人感到平静；绿色与紫色是中性的。暖色系中，明亮而鲜艳的颜色呈兴奋感，深沉而浑浊的颜色呈沉静感。

(五)服装色彩的明快感与忧郁感

明度和纯度是影响服装色彩明快感和忧郁感的重要因素。明度在5级以下的色彩会带有一定的忧郁感；在6级以上时，随明度的提高，色彩也渐趋明快。在纯度方面，以纯度6级为中性，纯度低呈忧郁感，随纯度的提高，渐趋明快，尤其是纯色，具有极高的明快感。(图3-34)

从图3-35的服装色彩比较中可以看出，右边的图3-36红绿对比色条纹裙装色调非常响亮、强烈，容易产生明快感；而左边的紫色系主色调使裙装显得更为细腻、婉约，且略带有一丝忧郁的情绪。

图3-34

图3-35

图3-36

课堂提问与思考

1. 服装色彩有哪些作用？意义如何？

2. 服装色彩的感性特征包含哪些方面？

课后作业

收集 10 款以上的服装彩色图片，按比例分析出每套服装配色的主要色块以及所运用的图案的色彩。并用文字标明服装色彩所传达的情感语言，比如明快、低调、可爱等。

范例

第四章 服装色彩搭配的基本类型

服装配色的基本类型，即从色相、明度、纯度三方面来逐一分类，是服装色彩配色中最基本的类型。通过对服装基本配色类型的理解进行服装色彩搭配就会有章可循，每种类型产生的视觉效果和情感语言各有不同，我们可以综合运用。

一　服装配色的色相变化

我们常把色相比作色彩外表的华美肌肤，体现着色彩外向的性格，因而，色相的变化是服装色彩设计的灵魂。以色相为主的服装色彩组合，在色彩搭配时一定要有一个整体协调的意识，即整体的装扮虽然色彩并不少，但都是为一个主旋律服务，这样颜色才不至于显得杂乱无章。服装的色彩搭配主要分为两大类：一类是调和色搭配，另外一类则是对比色搭配。这里调和色包括同类色和邻近色，这类色彩的色相差别小，对比弱，比较容易达到和谐的效果，又细分为同类色、类似色、邻近色、对比色、互补色。（图 4-1）

(一)同一色相搭配

同一色相搭配是指利用单一色相系列的颜色进行搭配，该搭配方法是所有配色技巧中最简单易行的。因色相单纯，效果一般极为协调、柔和，但也容易使画面显得平淡、单调。同类色在运用时应注意追求对比和变化，可加大颜色明度和纯度的对比，使服装色彩丰富起来。同类色色相主调十分明确，是极为协调、单纯的色调。它能起到色调调和、统一，又有微妙变化的作用。

同一色相中色与色之间的明度差异要适当，相差过小、太靠近的色调容易相互混淆，缺乏层次感；相差太大、相比较太强烈的色调易于割裂整体。同一色搭配时最好深、中、浅三个层次变化，少于三个层次的搭配显得比较枯燥，而层次过多易产生繁琐、涣散的效果。同一色相中无论是二色相配，还是三色、多色相配，它都是最妥当的配色方法，各个色彩之间的差别只存在细微的明暗或纯度变化。在选择同一色搭配时，所用颜色的明暗、深浅度不应太靠近，否则配色效果缺乏活力；色阶大、色差明显的配色，较有活泼感。同一色搭配是色相中最弱的对比，

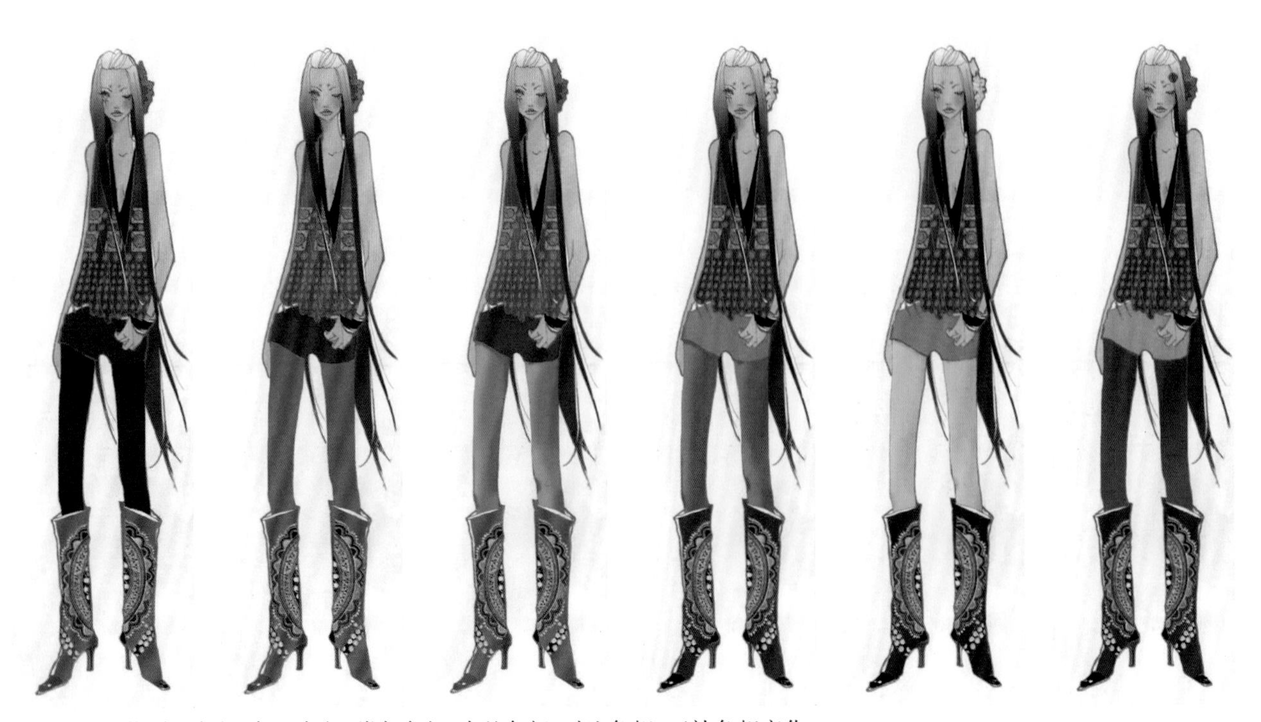

图 4-1　服装同一色相、邻近色相、类似色相、中差色相、对比色相、互补色相变化

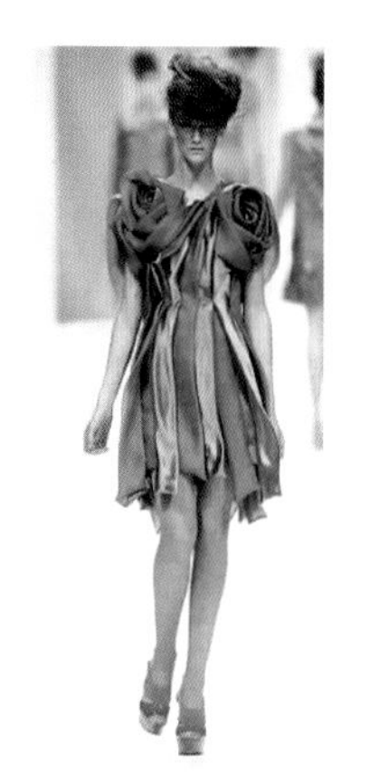

Mochino 2009 秋冬

Burberry Prorsum 2012 春夏 Haider Ackermann 2012 春夏 A.F.Vandevorst 巴黎 2010 秋冬

图 4-2 同一色相服装作品

效果单纯，也容易平板单调。为了避免同一色搭配过于单调，可选择同一色系中略有深浅明暗及鲜浊变化的配色来改善过于平板的视觉效果。另外，巧妙运用同类色面料的不同质感也可起到很好的丰富作用。（图 4-2）

（二）邻近色相、类似色相、中差色相搭配

1. 邻近色相搭配

如果运用色相环中相邻的两色作为服装配色，这种邻近色配色对比极弱，所以搭配起来易调和。邻近色较同类色显得安定、稳重的同时又不失活力，是一种恰到好处的配色类型。尽管是以色相相近的颜色进行搭配，但还是应该从纯度或明度上将二色拉开距离，这样的服装配色才能给人以优雅感。邻近色是色相中较弱的对比。视觉效果静中有动，统一和谐。选择一种色彩作为主色调，与之相邻的色彩作为辅助色，服装色彩就有了少许的色相变化，打破了单调的气氛。

设计师维斯特伍德运用中黄与橘黄这两种净色交织出服装多层次的立体雕塑感，赋予了邻近色更多的活力。(图 4-3)

Vivienne Westwood 2010 秋冬

图 4-3 邻近色相作品

2. 类似色相搭配

两个比较类似的颜色相配，如红色与橙红或紫红相配，黄色与草绿色或橙黄色相配等，属于色相的中度对比。类似色服装搭配的视觉效果活泼跳跃，有流动感。因色相相距较近，也容易调和，而且色彩的变化要比同类色丰富。类似色在运用时，同样应注意加强色彩明度和纯度的对比，使类似色的变化范围更宽、更广。例如，玫红与紫罗兰、翠绿与湖蓝的搭配，给人一种很春天的感觉，整体感觉非常有朝气，是充满生机的色彩组。（图 4–4、图 4–5）

3. 中差色相搭配

两个距离不远也不近的颜色相配，如绿色与紫色相配，两种色彩都含有相同的蓝色基因，色彩性情既不类似又不属于强烈对比，色彩之间有一定的差别。（图 4–6）

图 4–4 蓝色与绿色的类似色相服装

图 4–5 Haider Ackermann 2012 春夏紫色与蓝色的类似色相服装

图 4–6 Burberry Prorsum 2012ss 中差色相服装作品

(三)对比色相和互补色相搭配

1. 对比色相搭配

选用色相环中直径两端或周边的颜色搭配可以构成对比色配色，色彩之间毫无共同语言。如橙黄与蓝，橙与紫等，视觉效果饱满华丽，让人觉得欢乐活跃，容易让人兴奋激动，是赋予色彩表现力的重要方法。同时，对比色搭配还泛指一切构成明显色彩效果的配色，涵义非常广泛，包括明度对比、饱和度对比、冷暖对比、补色对比等，任何色彩和黑、白、灰，深色和浅色，冷色和暖色，亮色和暗色都是对比色关系，如黑色与明亮的黄色形成的明度对比。(图 4–7)

图 4–7　对比色相的服装作品

对比色搭配是审美度很高的配色。总体视觉效果强烈兴奋，其色调变化多，给人以明朗、不安定感、活跃感。强对比效果的色组，配置对比色可以采用以下的手法使之协调。若搭配不当，则颜色间相互排斥，会让人产生一种恶俗感，为了避免流于低俗，服装配色时要注意对比色彩的调和与统一。

使用对比色搭配时，可以通过处理主色与次色的关系达到调和，具体协调方法如下：

(1)用无色系或独立色来间隔

在设计中有时色彩对比过强会使设计显得生硬呆板，在相互对比的二色之间插入中间色，改变其色调的节奏，巧妙地运用黑色、白色以及灰色调的穿插，能使服装对比色调过渡更为自然，对比色彩之间就不再会产生冲突，色调也变得丰富和耐看起来。同时，运用金、银等独立色将对比色间隔开，也是使对比色组合后达到协调统一的极有效的手法。为对比色双方配以少量的金、银色或加入金、银色饰品的运用，服装搭配会发生根本的变化，对比色彩之间会由对立关系转为相互影响、彼此照应的关系。但金、银装饰的比例应在 1:10 到 0.5:10 左右，少而集中，否则效果就会流俗。(图 4–8)

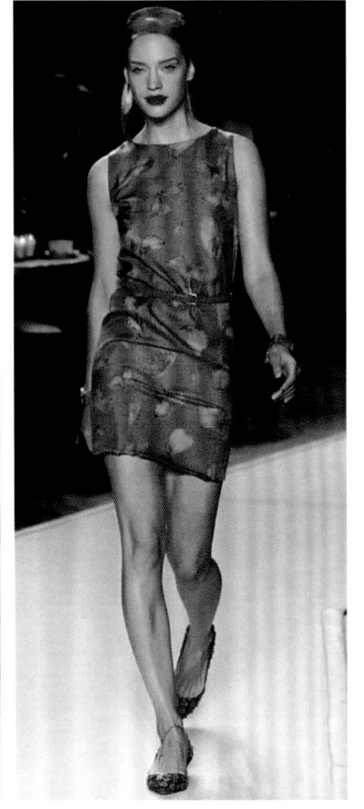

图 4–8　用无彩色间隔的对比色相服装

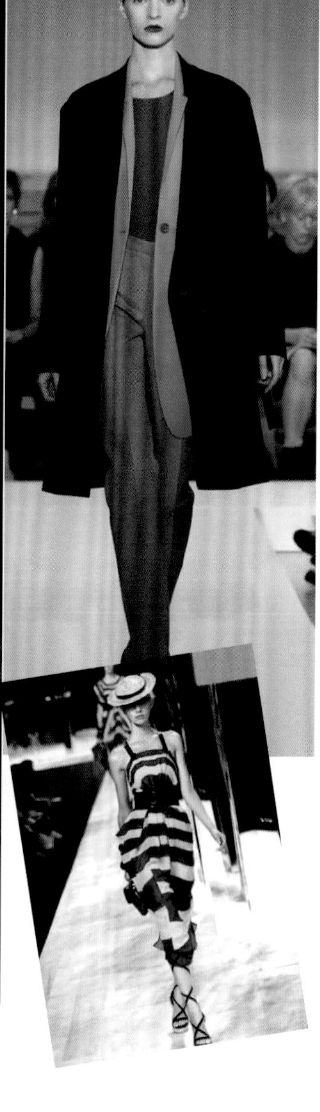

图 4–9　对比色相服装作品

图 4–10

（2）调整对比色的面积、分散对比色的疏密形态

对比色在面积较大而均等时往往对比最为强烈，服装配色时可用不同的面积来协调对比色。如果将一种对比色作为主色，大面积使用，其他对比色为辅色，少面积点缀，可以使对比减弱，达到统一；也可以将对比色分割成较细小的面积并置使用，注重对比色疏密之间的变化，使对比色彩能融合成一体，也可达到统一的视觉效果。选用对比色时，尽量避免相同面积比重、对比色块相同间距的搭配，在配色面积上采用一大一小，在分散形态上采用一聚一散等方法都能产生明显的主次关系，有效减缓对比色的激烈碰撞。

对比色相搭配要达到和谐可采用配色双方分别点缀对方的色彩搭配，如黄色短上衣配紫色大摆裙，在黄色上衣的袖口、领口、门襟处镶以紫色滚边，上下呼应；还可以是两色中一色为素面，另一配色为碎花互补色面料，但面料中含对比色的成分，例如，红色萝卜裤配红绿色碎花 T 恤，色彩鲜明，装饰意味浓厚。

在对色彩没有把握的情况下，应尽量避免选择补色进行服装搭配，而可改选直径偏左或偏右的颜色。（图 4–9、图 4–10）

图 4-11　互补色相的服装搭配

图 4-12

Marc Jacobs 2009 春夏

图 4-13

2. 互补色相搭配

互补色对比是色彩之间呈现直接对立的最强烈状态，即色彩对比达到最大的限度，一般在色相环上正对 180°的颜色对比，如红色与绿色搭配就是互为补色的搭配关系，视觉效果强烈刺激。互补色组合的色组也属于对比色，它是对比色中效果最强烈的，但这种互补色搭配的魅力在于其使观者在很短时间内获得一种深刻的色彩印象，让观者的视觉体会从刺激、兴奋到活跃、生动、饱满等感受的变化。这种反其道而行之的色调组合，比一般的色彩搭配更能调动和感染观者的情绪，如果互补色搭配不当，会显得过于刺激、不含蓄、幼稚；如果互补色运用得当，则效果饱满、充满韵味，且个性十足。（图 4-11~图 4-13）

由于互补色之间有强烈的分离性，故在服装色彩的表现中拉开了距离感，给人非常叛逆、刺激的视觉感受，这正是互补色调搭配难以调和的原因。因此，配色时应通过把握主色相与次色相的主次关系来缓和视觉突兀感。其中，互补色服装搭配的协调方法如下：

(1)拉开互补色纯度、明度的色阶

在服装互补色配色时，可以采取明度一高一低或纯度一强一弱的搭配。如果上下装互补色视觉上是同等分量时，就要在深浅明暗以及鲜浊程度上作调整，尽可能选择明暗浑浊各不相同的、有反差的对比色彩，拉开对比色的明度、纯度色阶。例如，橄榄绿搭配玫红色，纯度降低的橄榄绿色可以缓和整套对比色服装的突兀感。在上下衣裤的互补色彩都过于艳丽、跳跃时，容易产生冲突，如果将一方或几方纯度降低，比如加入灰色或选择含有彼此色彩倾向的色调，可使服装色彩变得含蓄、温和，达到既变化丰富又和谐统一的效果。

(2)增加其主色调的色彩层次

互补色搭配虽然相互对立，但增加其中主色调的色彩层次是很有效的调和方法。如果是在互补色红与绿的服装配色时，在确定绿色调为主基调后，采用多个含不同色彩倾向的绿色块反复出现的方法，其中含有与其补色接近的色素，例如，由浅草绿、中低明度的橄榄绿色等两种或多种绿色块来形成绿色主色调，这样其主色调本身既含有对方补色色素的多种色块面积、位置的转换，用多色块组合构成主色调，丰富了补色调，与红色搭配时就不会显得生硬而格格不入了。（图 4-14）

其次，用邻近色做缓冲或色彩渐变过渡也是有效的调和方法。既然互补色彩异常冲突而强烈，那么就干脆借用邻近色来做缓冲。按照色环顺序，选择两个互补色之间的系列色相与互补色同时使用，如在使用橙色与蓝色进行搭配时，使用黄橙、黄、黄绿、绿、蓝绿等色，并将它们秩序化排列，或使互补色产生一种渐变形式来达到统一。

最后，特别注意一套完整的服装形象中，互补色调搭配不是孤立存在的，设计时可以充分运用丝巾、鞋帽、包等服饰配件的色彩进行呼应与穿插，使色彩层次得以丰富。如图 4-14，在 2009 年北京女装“赛斯特”成衣品牌大胆推出的互补色系列，翠绿色搭配深红、酒红或粉红色组成互补色调系列，其中深沉的低明度深红色、明度较浅的粉红色以及纯度较低的酒红色，组合形成的红色调色系层次多样，视觉效果丰富，与中明度的翠绿色搭配都可以保持非常调和的效果，色调也较为和谐。

如上下装的颜色处于“各自为政”的状态时，那么一条与服装主色互补的腰带，就可以化解上下两色间的矛盾。

图 4-14　增加色彩层次的互补色相服装搭配

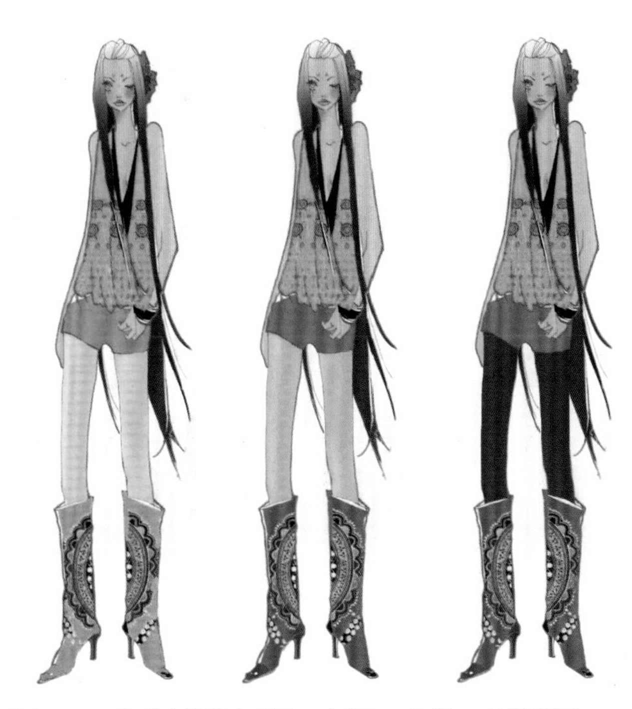

图 4-15　高明度服装色彩的 A 短调、B 中调、C 长调运用

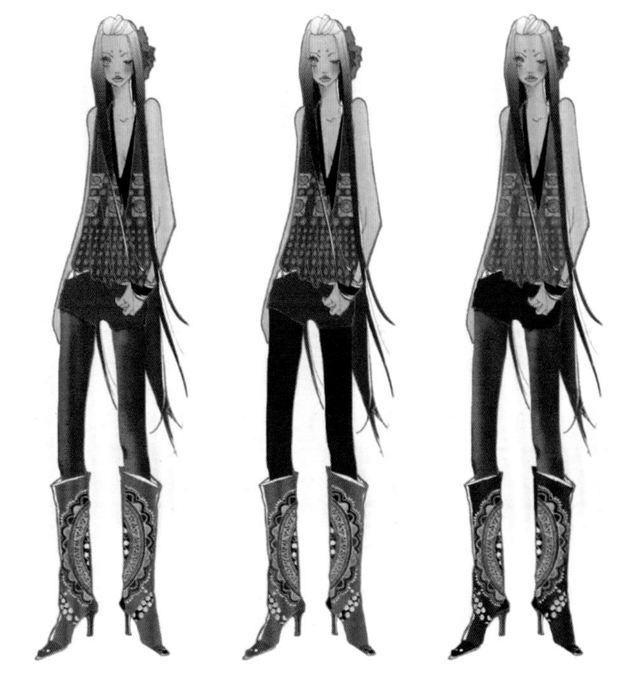

图 4-16　中等明度服装色彩的 A 短调、B 中调、C 长调运用

(二)服装配色的明度变化组合

1. 服装的明度变化

服装色彩除了黑白灰这类无彩色,在有彩色服装中也存在不同的明度差别,例如,黄色服装为明度最高的色,蓝紫色服装为明度最低的色,橙色、绿色服装是中明度,红色、青色服装属于中低明度。当然,不同的彩色服装也可搭配形成明度相似的组合,所带来的视觉效果也不同。总体来讲,服装明度搭配大致分为弱对比服装配色、中度对比服装配色和强对比服装配色。(图 4-15~图 4-17)

图 4-17　低明度服装色彩的 A 短调、B 中调、C 长调运用

2. 明度配色在服装上的运用分析

色彩的明度也是对平衡感有重要影响的一个要素。若一个人服装色彩过于淡雅就会显得软弱无力、没有精神;若点缀一些深色或鲜艳色,就可以得到一种平衡感。明度还可以产生色彩轻与重的错觉,高明度色显得轻,而低明度色则显得重。在进行明度配色时应该对服装的左右、前后、上下的色彩轻重平衡有所把握。明度的深浅变化主要注重服装整体给人的视觉效果,是多个色块组成的一个整体所产生的效应,因而对明度的调整也应从大处着手,达到既协调又统一的效果,注意明度的深浅变化,面积比例安排得当,切不可出现深浅失衡的效果,否则色调会过亮或过暗。

如图 4-18,A 款服装采用低明度色组呈现沉静、含蓄的效果,B 款服装采用高明度色组呈现明快、光辉的效果,C 款服装采用中等明度色组呈现丰满、典雅的效果。

如图 4-19,DNKY 2010 春夏成衣系列的明度关系变化丰富,三套服装整体色感干净、素雅、简练。A 款以黑色套装搭配白色衬衣的简洁色彩,色彩跨度大,明度对比最强烈,给人冷漠、严肃的色感,在黑色短裤搭配的亮玫红色底边,让这种冷酷感得到缓和;B 款为中性化的铁灰色套装,内搭的红黑色 T 恤增加了时尚感,挽起的袖口边配以白色点缀,各色之间的明度色阶跨度适中,整体感觉也恰到好处;而 C 款由米色开衫、朱红背心、灰色短裤组成,明度差别最小,同时带来的色彩感觉也最为柔和,让人感到休闲、放松。

图 4-18 Sonia Rykiel 女装作品明度变化运用比较

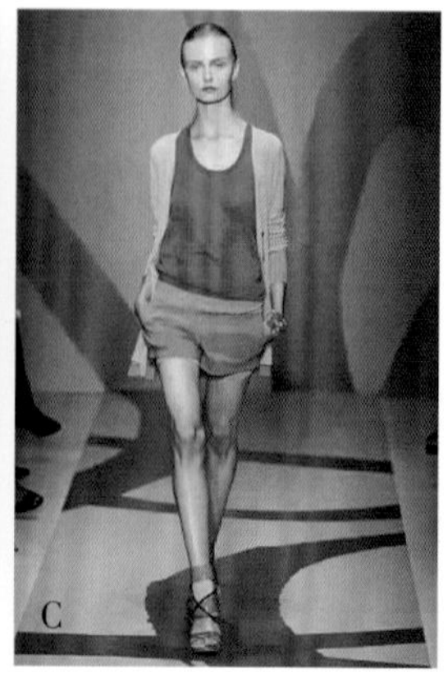

图 4-19 DNKY 春夏成衣中的明度运用分析

二 服装配色的纯度变化组合

(一)服装的纯度变化

不少服装的颜色表现得过分朴素，或过分华丽、过分年轻、过分热烈，这一切都是在颜色的处理上因纯度过强或过弱而产生的。色彩的纯度强弱是指在纯色中加入不等量的灰色，加入的灰色越多色彩的纯度越低，加入的灰色越少，色彩的纯度越高，这样可以得出这一纯色不同纯度的浊色，我们称这些色为高纯度色、中纯度色、低纯度色。(图 4-20)

高纯度色彩有显眼的华丽感觉，如黄、红、绿、紫、蓝，适合于运动服装设计。中纯度柔和、平稳，如土黄、橄榄绿、紫罗兰、橙红等，适合于职业女性服装。低纯度色涩滞而不活泼，运用在服装上显得朴素、沉静，这时选择高档面料会使低纯度颜色显得高雅、沉着。(图 4-21)

图 4-20 黄色服装的纯度变化
Giles 2010ss

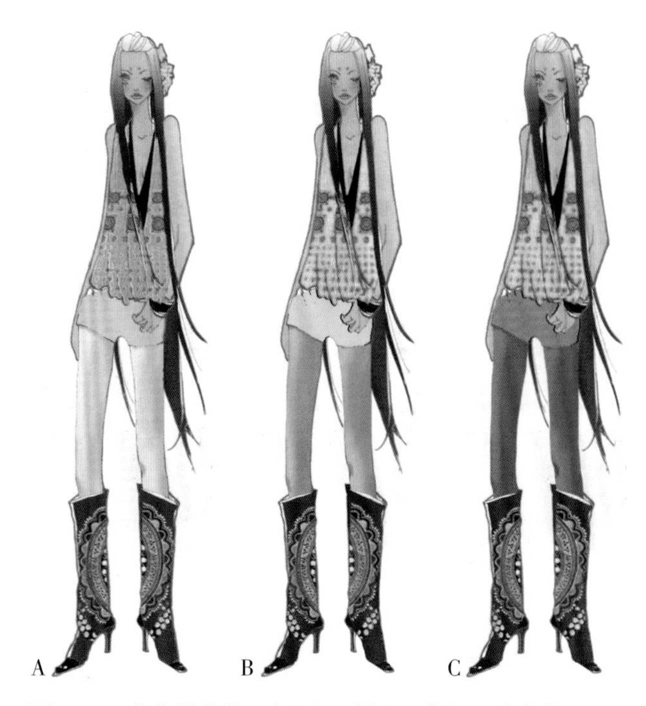

图 4-21 黄色服装的 A 短调、B 中调、C 长调纯度变化

(二)纯度配色在服装上的运用分析

色彩的平衡感除了受色相因素的影响，同时还与纯度有关，越是高纯度色，产生的向着它的补色方向运动的张力就越大。假如在设计上不做平衡处理，人眼在观看时就会产生一种生理力来平衡这种张力。这就是人眼在长时间凝视一种鲜艳色彩时，视觉上会感到疲劳的原因所在。要避免这种情况，就要在服装配色中对色彩十分鲜艳的服装做一些平衡处理。在处理的方法上，可以采用以黑白灰或其他低纯度的色彩来进行平衡搭配，比如，上下装的搭配、服装和配饰的搭配、服装和环境色彩的搭配等。

不能只关注服装中单一的色彩效果，而要掌握住不同纯度之间的配色效果。

其一，纯度差小的配色：高纯度与高纯度相配鲜明、强烈；中纯度与中纯度相配年轻、华丽；低纯度与低纯度相配平淡、朴素。

其二，纯度差中等的配色：高纯度与中纯度相配，这种配色处理要注意将色与色之间的明度和色相差拉开，不要选太相近色相的色彩；中纯度与低纯度相配朴素、沉静，在处理这类色彩搭配时，一定要增强明暗对比，扩大明度差，在沉静中注入活力。

其二，纯度差大的配色：高纯度与低纯度相配，高纯度活泼华丽，因此，在配色时要恰当地、灵活地运用，使配色能达到最佳效果。

如图 4-22，三款服装都运用到了红色调，但在纯度上有较大区别，呈现出截然不同的效果。A 款整体红色的纯度色差非常接近，明艳亮丽，色彩效果响亮而统一；B 款低纯度土红色大摆裙搭配外套鲜艳的朱红吊带毛衫，纯度色差非常明显，同时带来了色彩的活泼与跃动感；C 款红色主色块及所用纹样的色块纯度都较低，因而会带给人一种耐人寻味的含蓄之美。

纯度低的颜色更容易与其他颜色相互协调，这使得低调感增加，从而有助于形成协同合作的格局。但过于浑浊的色彩会带来孤僻的色感，给人难以接近的视觉印象。色彩的纯度在服装中尤其是职业装中的运用可以起到很好的调和效果，低彩度可使工作其中的人专心致志，平心静气地处理各种问题，营造沉静的气氛。职业装穿着的环境多在室内、有限的空间里，人们总希望获得更多的私人空间，穿着低纯度的色彩会增加人与人之间的距离，减少拥挤感。同时，低纯度给人以谦逊、宽容、成熟感，借用这种色彩语言，职业人士更容易受到他人的重视和信赖。另外，可以利用低纯度色彩易于搭配的特点，将有限的衣物搭配出丰富的色彩组合。（图 4-23）

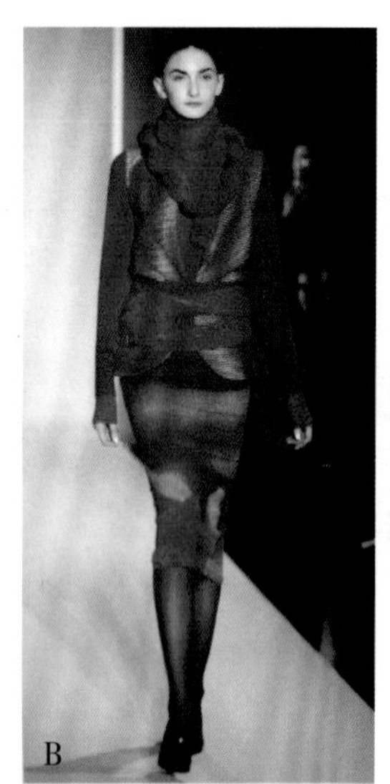

图 4-22　红色调服装的纯度变化运用比较

图 4-23　低纯度色彩的服装搭配变化　（DKNY 2010 秋冬）

另外，纯度对比最强的是纯色与无彩色的搭配，即一些艳丽夺目的高纯度色彩与黑白灰色系的对比，由于无彩色都较为中性，因此与任何有彩色搭配都容易获得协调。所以，这种配色方法，常被设计师们采用，也是我们在日常生活中常见的服装配色。

若以无彩色为主色进行搭配，那么作为副色的艳丽纯色，即使面积很小也会显得比单独存在时更为明艳，从而使整体服装效果明艳、大方。若无彩色作为副色出现在服装上，由于它的中性性格，使其作为主要颜色间的缓和带出现。一条宽的黑色或白色腰带，就可以化解上下两色间的矛盾。而无彩色之间的搭配，几乎不存在禁忌，是永远美丽的，这也是黑、白、灰一直被人们所喜爱的原因。

总之，在基于纯度的服装配色里，增强色彩的明润感，使纯度的对比加强，也增强了配色的艳丽和活泼，同时也使服装色彩的情调得到渲染而加强。当然，纯度对比过强，会产生杂乱感；过弱则产生无力苍白感。

课堂提问与思考

1. 服装色彩的色相变化大致分为哪几种类别？视觉效果各有何特点？

2. 服装对比色设计应注意哪些问题？可以从哪些方面使整体色彩相互协调？

3. 服装色彩明度的长调、中调、短调的视觉效果有何不同？上下装之间明度上的强对比、中度对比与弱对比有何特点？

4. 服装色彩的纯度变化有哪些形式？在服装设计中体现的特点有何不同？

课后作业

1. 色相为主的服装配色变化练习。

要求：根据所学的色相分类及特点，对同一款服装分别进行同一色相、邻近色相、中差色相、对比色相（共四款）色彩配色方案，标出色块，简析每组搭配出的色彩效果有何差异、视觉感受等；八开大小。

2. 明度变化为主的服装配色变化练习。

要求：运用深浅不同的明度色彩差异对同一款服装分别进行强对比、中对比、弱对比（共三款）色彩配色方案，标出相应色块；八开大小。

3. 纯度变化为主的服装配色变化练习。

要求：运用鲜浊不同的纯度色彩差异对同一款服装分别进行强对比、中对比、弱对比（共三款）色彩配色方案，标出相应色块；八开大小。

范例

第五章 服装色彩设计的灵感源泉

我们在进行服装色彩配色时可以从很多相关的题材中获得灵感，服装的色彩运用有时源于大自然，有时源于现代生活场景，服装色彩的表现从建筑色彩等相关姊妹艺术中往往也能找到怦然心动的色彩灵感，设计师从人文色彩、自然色彩等色彩感觉中找到服装设计的灵感源，拓宽设计思维，设计服装配色方案。

一　灵感来源于民间艺术的色彩

中国传统民间艺术用色强调明快单纯、色彩夸张艳丽、讲求平面的色块对比，强调装饰趣味。在有限的色彩中表达无限的内涵，这在民间木版年画、剪纸、皮影、泥人、风筝、染织、刺绣、摊面脸谱等民间艺术中是一种普遍的色彩运用特点，形成了中国传统民间艺术独具魅力的色彩装饰效果。世代相传的民间艺术作品往往具有其代表性的色彩，如年画、剪纸、刺绣等，具有民间民俗风情与艺术美感，启发设计者的色彩设计感染力。

正是由于我国传统民间色彩中大量运用“红配绿，明黄配暗紫”等补色关系，使人的视觉感受获得了最大限度的满足，同时也符合色彩本质要求补齐原色这一基本规律，因而调子鲜明响亮，具有强烈的装饰性效果。这些传统民间色彩是千百年来中华民族审美标准的相对凝聚，体现了中华民族传统的色彩审美倾向，我们可以借鉴和传承这些中国传统精髓并很好地运用于服装色彩设计中。（图 5–1）

图 5–1　刺绣色彩的运用
利郎 2008 年

二　灵感来源于大自然的色彩

大自然总能启发我们去思考，思考之后把我们观察到的色彩运用到我们的服装作品当中。从美丽丰富的大自然中获取灵感，雨花石表面斑驳的色彩、夕阳西下时梦幻的彩霞、动物丰富的表皮色彩等等，都不断激活着色彩创作灵感，收集自然素材，累积色彩经验，使自然生活中的色彩转化为服装色彩形象，赋予服装以某种生动的表情和内涵。（图 5–2、图 5–3）

图 5–2　动物豹纹色彩的运用

图 5–3　从自然风景中提取服装色彩设计作品

三　灵感来源于现代生活的色彩

服装色彩的灵感来源有时就是生活本身，当生活质量提高了之后就要追求精神层面的提升，如何追求生活的艺术，需要我们量化到生活中的点点滴滴，从都市生活中感受到美。尤其做服装设计的人士，热爱生活才会将对生活的理解作用于服装设计。现代生活中有很多色彩，只要我们稍加留意，就可以从生活本身发现美的色彩组合，真正感受色彩传达的丰富信息，积累配色能力。当我们通过设计去捕捉多姿多彩的生活后，例如，烘烤后的面包表面的色彩变化，穿梭于城市街道的汽车是各种高级灰以及明艳的甲壳虫汽车色彩的交织，都可以将其融入到服装色彩设计中。华灯初放的都市夜景，深邃的天空下星星点点闪光的色彩被比利时新锐设计师 Dries Van Noten 发现，用印有都市夜空的色彩演绎出其 2012 年春夏系列的色彩主题。（图 5-4）

图 5-4　现代生活夜景色彩的运用　Dries Van Noten 2012 春夏

图 5-5　来源于陶瓷艺术色彩的服装作品

图 5-6　陶瓷艺术色彩的运用

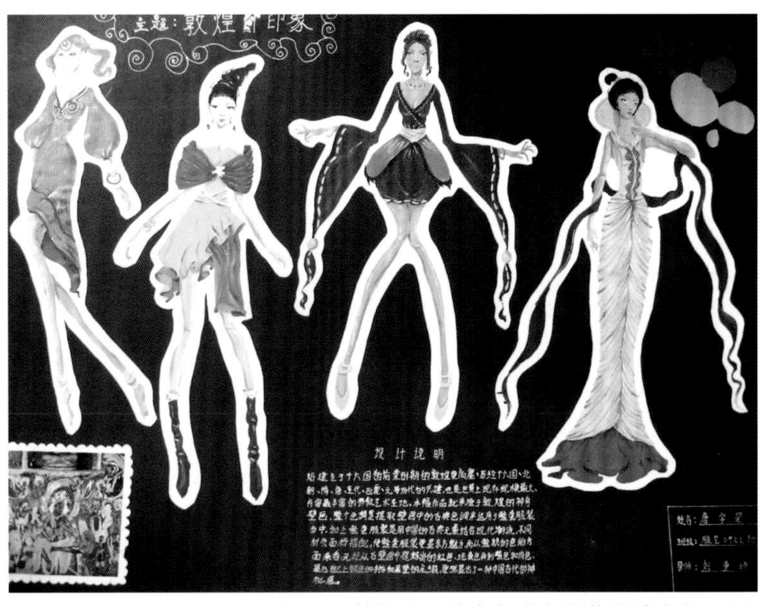

图 5-8　敦煌壁画艺术色彩在服装设计中的运用

图 5-7　拜占庭绘画艺术色彩的运用
ETRO 2009 秋冬

四　灵感来源于绘画等姊妹艺术的色彩

从色彩整体需要出发去发展和取舍，从绘画等各艺术领域中寻找与设计主题相吻合的色彩素材，如陶艺中的青花瓷色、漆器色、青铜色、唐三彩中的色彩等。相关姊妹艺术中所呈现的图案及用色也是服装设计师常借鉴的色彩素材。还有如中国画水墨色彩的灵动、工笔画的鲜艳细腻、西洋油画的凝重与对微妙色彩变化的狂热追求等，都能给我们带来一丝心理上的触碰与震撼。（图 5-5~图 5-8）

五　灵感来源于各民族特有风情的色彩

世界各民族的异域色彩与独特民族样式，组成了一个斑斓的色彩库，激发设计者去探寻。从古希腊冰冷的大理石色调、埃及北非原始色彩、古罗马浑厚温暖色调、非洲充满土质的色彩、日本民族审慎的中性色调到中华各少数民族有各自色彩特征的素材，都成了不可忽视的情感表达符号。（图 5–9、图 5–10）

图 5–9　俄罗斯的巴尔干半岛民间色彩的运用
John Galliano 2009 年秋冬

图 5–10　非洲艺术游牧色彩的运用
KENZO 2005 秋冬

课堂提问与思考

1. 服装色彩的灵感源泉从哪些方面挖掘？

2. 思考并分析国际或国内某一服装品牌发布作品中体现的主题灵感。

课后作业

服装色彩灵感来源练习

要求：从某一图片的艺术色彩得到灵感启示，运用其中的色彩进行四款服装色彩效果图设计练习，并列出主要色块；四开大小。

范例

服装色彩灵感来源作业范例一

服装色彩灵感来源作业范例二

第六章 影响服装色彩的相关因素

影响服装色彩设计的因素很多，服装色彩与服装材质、造型、配饰、图案因素及其环境色、光源色等息息相关，好的服装配色就是与面辅料、恰到好处的造型纹样及配饰等因素的完美结合。此外，服装色彩还与着装者的年龄、性别、肤色、体型等因素相关，针对着装者个体的变化，服装色彩也应作相应的调整，起到美化修饰的作用。

一　服装色彩与面料材质的联系

服装色彩设计不是纸上谈兵的设计，纸上设计的色彩效果好不等于服装实际色彩效果好。面料材质的不同，所营造的色彩氛围也不相同。若想让服装有不同气息，就需仔细考虑色彩的素材质料。因此，服装设计师在进行色彩设计时，应该了解甚至熟知各类服装面料的染色性能和配色效果，以便能对已有的面料进行人为的改造、加工，或是掌握一些特殊工艺技术，为已有的面料或搭配服色时增添异彩。总之，一个好的服装设计师，对服装的配色应该有较高的修养和动手能力，这样才能不被现有的面辅料所困窘。

平织布纹如棉、麻等天然纤维的素材，可营造出舒适与轻便的感觉；化纤或混纺丝等具有弹性及悬坠感，可营造出较性感的氛围；丝质或雪纺纱等质地轻柔中带有透明感，可展现出飘逸的气质；针织或手勾纱线等，则有无限温暖、含蓄的气息。（图 6–1、图 6–2）

图 6–1　不同质感带来的色彩感觉——帅气与妩媚

图 6–2　细腻含蓄 A 与简洁大气 B 两种不同的服装色彩感觉

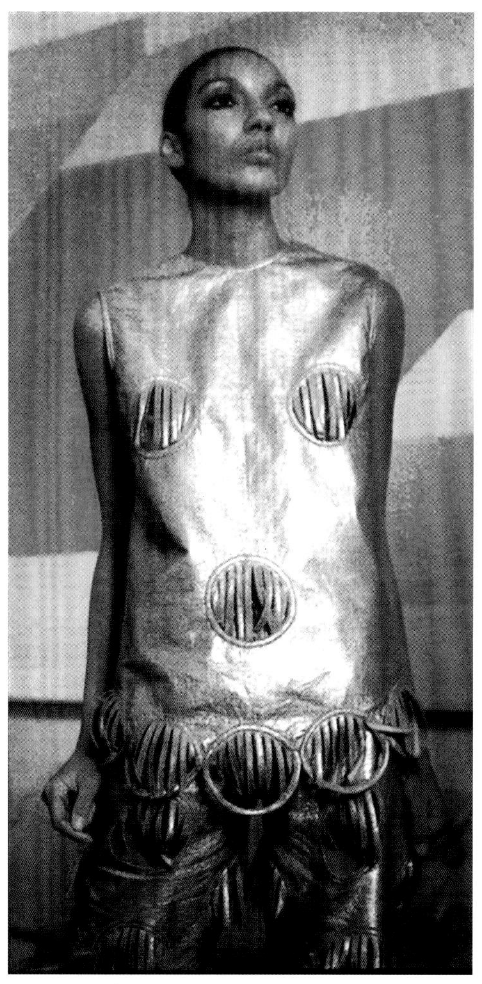

图 6-3　立体造型不同所呈现出柔软与坚实两种色彩感觉

图 6-4　造型变化所表现的飘逸与厚重两种不同的色彩感觉

二　服装色彩与款式立体造型表现的联系

服装色彩因立体造型而产生的离光源的远近、受光、背光、反光以及衣纹等的不同，使同样材质的色彩出现在视觉中的空间反应不同，这种色彩的变化要比服装面料展示的平面色彩复杂得多。服装是穿着在人身上的，而人生活在各种不同的环境里，而且运动着，因而使服装以立体状态存在于各种变化的空间里，也使得色彩具有无穷无尽的变化。服装色彩因空间的方向、位置不同产生纯度和明度的变化。

图 6-3 中的两款连身裙服装作品都选用了哑金色涂层面料，反光度极高，左边款连衣裙造型贴体修身，肩部及裙下摆处用波浪般的自然褶皱装饰，整体效果较为细腻柔软和女性化；右边这款哑金色裙装以简洁的筒型造型为主，裙摆细节处用直线切割加以装饰，整体效果粗放坚实，更具中性化与未来时空感。

图 6-4 中两款面料都属飘逸型的，但服装造型不一样，给人的感觉也不一样。

三　服装色彩与配饰的联系

服装色彩设计广义上应理解为从头到脚的所有服饰的色彩搭配，各类头饰、包包、鞋袜、首饰等配饰的色彩在服装配色设计时都应考虑到，甚至包括唇彩、眼影等妆容色彩都要整体综合进行配色，因此，从大的范围来讲，服装色彩的布局不再是孤军奋战，而是整体服饰的所有色彩之间的相互关联设计。

服装色彩搭配时，往往要确定一种起主导作用的色调。全套衣饰的基调应与主色相符合，配饰等辅色的选择也要切合衣饰的整体基调。虽然配饰的色彩面积比没有服装色彩大，往往作为点缀色存在，但这些配饰的色彩往往能以小面积制胜，别致而协调的配饰色彩可以让整套服装色彩浑然一体，对比色服装中配饰色彩运用对比色中的一方进行撞色，也可以获得“出其不意”的视觉效果。这也是为什么在前面章节分析整套服装色彩时，也连同鞋、包等配饰色彩一同进行分析的原因，他们一起构成完整的服饰形象。

如图 6-5，两款 Blugirl 秋冬品牌 2011 年的高级成衣作品——系列服装军装，都属军装但配饰上的处理截然不同，上一款在配饰上与军绿色服装色系一致并辅以灰棕色，沉静的配饰用色使得配饰与服装浑然一体；下一款则出其不意地跳出服装本身色彩，帽顶部大胆配以亮橘色，用豹纹领巾作为中间调和，与服装整体和谐而律动。

图 6-6 中两款的配饰色彩与主体服装色彩一致或跳跃，相映成趣：一款主体服装色彩是碎花的暖色调组合，而配饰色彩从帽子、手套到鞋靴等均是素色，用与主体服装同色调的棕黄色系搭配，仿佛给整体花色服装带来了一种素净简化的感觉，整体效果大气、统一；而另一款配饰包含头巾、手提包则是饱和度很高的绚色系，与主体服装的白色形成强烈对比，也与白衣上艳丽印花色彩相呼应，由此散发出与众不同的气息，色彩视觉效果简洁而又富于张力。

图 6-5　配饰色彩对主体服装色彩效果的比较

四　服装色彩与着装者年龄的联系

服装色彩设计过程涉及到诸多因素，其中，人的因素是首要的，因服装设计自始至终是围绕着人来进行的。在设计之前，十分有必要对穿着者的年龄有所了解，考虑到不同年龄的心理、审美倾向及文化程度等因素，这样才能借助服装色彩来充分展示特有的个性美。服装色彩的美不是单独存在的，它要和具体的人结合在一起，才显示出妩媚的风韵来。我们在设计作品中会观察到有时候为了吻合着装者的身份，设计师在色彩上会做一些变化和调整，那么这种细微色彩的变化大多是在传达吻合着装者身份的信息，比如，年迈的老者和有着蓬勃朝气的青年，年长者用色稍沉稳，年轻人服

图 6-6　配饰色彩与主体服装或一致或跳跃

图 6-7　少妇与老妇人的着装色彩比较

装用色则趋于活泼。

从图 6-7 的比较中我们发现，同一种色系的服装色彩运用在年轻人和年长者的着装上也会有所区别，图中类似民族风格的艳丽色彩运用在老妇人身上的时候，设计师就加了少许灰色作为辅助色，衬托出服装主体的丰富色彩。

服装色彩与年龄有重要关系，随着年龄的增长，人的生理与心理都发生着变化，服装色彩所产生的影响随之有别。婴幼儿视觉发育不够成熟，只能适应纯度不高的色彩，如粉红、粉蓝等粉色系的着装色彩。随着年龄的增长，阅历相应丰富，脑神经记忆库已经被其他刺激占去了许多，色彩感觉相应就成熟柔和些。儿童对一切都有新鲜感，需要简单的、新鲜的、强烈刺激的色彩。（图 6-8）

图 6-8　儿童的服装色彩

成年人的色彩喜好逐渐向复色过渡，向黑色靠近，也就是说，年龄越接近成熟，所喜欢的色彩越倾向成熟，但也不能因此而绝对化。比如，儿童装成人化色彩搭配的成功范例，也使童装用反常规的色彩呈现一种和谐状态；而一些老年人也喜欢穿大红色等明快鲜艳的服装，一些年轻人则爱装扮一身黑的服装色彩。有时只要穿着服装的色彩搭配好且符合心理需求，年龄会让步于视觉效果，但这毕竟不是主流现象。日常生活中，大多数人在选择服装色彩时自然会考虑到是否适合自己的年龄，为了避免哗众取宠之嫌。这是一种根深蒂固的保守思想，它对人们的影响具有普遍意义。

图 6-9　老年人的着装色彩比较

如图 6-9，A 款的老年人服装色彩是按照常规以灰色居多的，服装配色比较含蓄保守；B 款宝蓝色相比之下更能突显这位年长者鹤发童颜的独特精神面貌，上了岁数的老年人也适合穿着色彩较为爽朗明快的服装，年长者穿着这样的服装色彩后让人不自觉联想到他们历经岁月磨砺却不减当年意气勃发的乐观心态。

五　服装色彩与着装者性别的联系

女士和男士在服装色彩包括一些配色细节上也应作相对不同的色彩效果变化处理。男性着装色彩中常用统一的配色，这是由于中国传统的文化观念中男士应该是沉着含蓄、稳重可靠的形象，男装流行的各类灰、黑、白无彩色系列经久不衰，以衬托男性的理智。神秘而稳重的男性社会形象，而只在少数休闲男装中应用高彩色搭配。其实，色彩能赋予服装生命力，只要巧妙合理地运用就会赋予男装全新的视觉。色彩的搭配原理是男装配色的主要设计依据。

运用单一的无彩色虽然使男性形象成熟、内敛甚至酷味十足，但是往往会使男性显得过于冷峻、严厉，这时可穿插有彩色进行点缀，如领带色、衬衫色等，以增加男士的亲和力；或者在一套男装中用不同明度的灰色搭配，如高明度灰色与低明度青色搭配使男装色彩更富于层次感，灰色与各种点缀色的同时应用亦是很好的色彩搭配选择。

男装色彩极少应用娇嫩的彩色色调，其实，在男装的有彩色搭配中，在有彩色中降低色彩纯度或提高色彩明度，如低明浊色、高明清色搭配，可以让这些多姿多彩的有彩色更好地吻合男士形象。同一款男装采用低明度、低纯度色彩与高彩色搭配也是有效的方法，能够弱化外形粗犷的男士，让男装色彩变得更细腻。

相对来说，女性穿着的配色要丰富很多，协调是女装最基本的配色原则。由明度变化而产生的浓淡深浅不同的色调，有沉静、隽秀的效果，适合气质优雅的女性；相近的服装色彩搭配变化较多，且能达到协调统一的整体效果，颇受女性青睐；鲜明艳丽的色彩能形成强烈的视觉冲击力，适合个性干练、果敢的女性。

如图 6-10 与图 6-11，A 款男装色彩按照常规以蓝色及无彩色白色为主，男装中也可以运用有彩色。B 款男装橄绿色外套降低了纯度及明度，其内搭姜黄色低领毛衫的面积比重较小，这样整体男装配色比较含蓄保守；而女装色彩搭配没有太多禁忌。C 款艳丽的绿色连衣裙色彩明快而清爽，色彩效果十分突出。

图 6-10　男装与女装的色彩

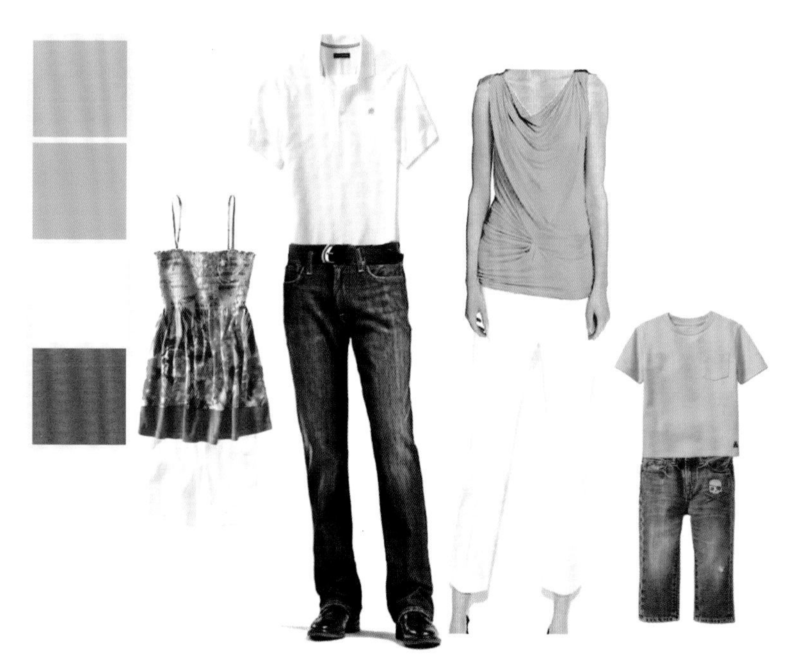

图 6-11　男装与女装的色彩

图 6-11　肤色不同的服装色彩比较

六　服装色彩与肤色、体型的联系

服装色彩在穿着者身上表现得美与不美，最重要的一个因素就是与穿着者的肤色是否适应。服装色彩要与肤色相配，肤色白的人服装色彩搭配较容易，但肤色黄、红、黑的人，就受一定的局限，只有选对色彩，视觉效果才好。如果是皮肤细白、色泽红润的妙龄少女，用嫩黄的色调材质做连衣裙，能收到良好的审美效果。如果肤色偏黄宜选浅白色、红色、浅紫色、草绿色、玫瑰红色等布料，但不适合杏黄色、橘黄色布料，否则会使皮肤显得更黄。

如果肤色偏黑，在选择服装色彩时宜选浅色调或艳丽色彩布料，如浅蓝、金黄、白色等，才能达到互相映衬的效果，穿色感较沉着的土黄，或带有含灰调的姜黄色效果会更为协调。但肤色黑的人不适合选过深的服装色彩，如黑色、深紫色、咖啡色服装，这些色彩会显得人更黝黑。（图 6-11、图 6-12）

脸色花白的人，不宜穿菜绿色的裙衣。面色发红虽然显得人精神焕发、富有朝气，但在选择服装色彩上，应穿浅黄色、中黄色、淡粉色、藕荷色等上衣，以此与面色调和，可显得人干净明亮；面红者要避免穿草绿、鲜蓝色等色彩，因为这些色彩与肤色形成强烈对比关系，容易显得人土里土气，视觉效果不太好。

此外，服装色彩还要与体型相配。针对不同体型来考虑服装的色彩也是非常重要的。日常生活中，绝对优美、毫无缺陷的体型几乎是没有的，可以说，每个人的体型或多或少都存在着令人遗憾的缺点或是没被发现的长处。所以服装色彩就成了人们首先用来显示体型特点、弥补某些体型缺陷的重要手段和工具。同是一个款式，

A 搭配全身深色的服装色彩　　B 搭配里浅外深的服装色彩　　C 搭配全身浅色的服装色彩

图 6-12　深肤色的着装色彩搭配比较

黑色等深色较显瘦；亮色视觉效果扩散，因而会有显胖的效果，所以，配色时要适当酌情考虑，巧妙地运用服装色彩对人的体型扬长避短，对自身形态进行矫正，或是有意利用错视来制造新的效果。在需要减弱的部位，可以采用收缩色，如黑色、深蓝、深紫等色；在需要强调及扩大体积的部分，可以采用扩张色，如白色、黄色、红色等色。

图 6–13　胖体型服装用色以深色为宜

从图 6–13 的比较中我们可以看出，体型肥胖的人还是适宜深色、冷色系服装，如藏青色、黑色、深绿色等。左图中穿着浅色系服装色彩的男士显得人更胖，因此，浅色系、暖色系不适合体型臃肿的人士。另外，如果肥胖体型人士的服装运用到了图案，服装图案及其色彩大小可以适度地略大些，但太大的图案会显得人更粗壮。相反，体型瘦弱的人可选浅色、暖色，以便在视觉上有丰满、匀称的效果，如果色彩辅以饱满花纹或圆圈图案则对瘦体型更具修饰作用。高个子的人宜选择深色上衣来增加体量感；如果下肢修长，可穿如桃红、明黄、翠绿等艳丽色彩，或对比夸张的色彩如斑马、豹纹等下装，上装可用黑、白等朴素色彩进行搭配，这样视觉焦点更加明确，身材优势也被强烈突显出来。浅色或明亮度较高的色彩则适合矮个子的人，这样可以增加挺拔感。

图 6–14

每个人的性别、年龄、体型、肤色、身高、形象、生活背景、受教育程度、信仰、经济收入、审美情趣、爱好、职业层次等不同的因素，形成了选择不同服装色彩的不同群体，这就形成服装色彩心理的个性因素。这些复杂的生理个性构成因素，使服装色彩设计的颜色选择更趋多样化。(图 6–14)

另外，在不同环境光源色的照射下，服装色彩也会有所变化，比如，红色服装在黄色光源下会泛黄，呈现橘红色；在蓝色光源照射下会呈现紫红色的视觉效果。服装色彩设计的影响因素还包括一些社会因素，服装色彩的社会因素主要是指人们的生活、工作、休闲、社交等受到社会制度、民族传统、风俗习惯、社会意识、宗教信仰、艺术文化、科学发展状况、经济发展水平等体现文化环境与时代特征的社会因素的制约与影响，对服装的色彩选择有着举足轻重的作用。

人们经常根据服装配色来评价着装者的文化艺术修养。服装色彩搭配得当，可以使人显得端庄优雅、风姿绰约；搭配不当，则使人显得不伦不类、俗不可耐。同时，服装色彩是一门实践性很强的学问，光了解基本理论知识，是无法做到得心应手的，只有综合把握服装色彩之间的内在关系，注重色彩相关因素的搭配经验，服装色彩的魅力才能充分发挥出来。

课堂提问与思考

1.如何理解服装色彩是立体的语言？服装色彩与其他哪些因素相关？

2.服装面料质感的变化会使相同色彩的服装色感产生哪些变化？

3.相同的服装色彩如何运用不同的造型款式产生视觉变化？

课后作业

服装色彩与相关因素的图文对比分析

要求：

1. 选取色彩相同、但面料不同的两款服装效果进行比较，文字分析服装色彩传达的质感与色彩结合后的区别；

2. 选取色彩相同、但造型不同的两款服装效果进行比较，文字分析服装色彩传达的造型与色彩结合后的区别；

3. 选取不同年龄、不同肤色、不同体型的两款服装效果进行比较，文字分析服装色彩因人的因素而发生的变化。

范例

服装色彩作品分析：同是黑白色条纹服装，采用棉质相同，仅款式不同。

服装色彩作品分析：同是橄榄绿色的服装，前面一款采用斜纹棉质地，色彩显得朴实；后面一款采用轻薄雪纺面料，有通透、朦胧的色彩感觉。

第七章 流行色与服装色彩

一　流行色的概念与影响因素

(一)流行色的概念与特点

流行色是一种社会心理产物,它是某个时期人们对某几种色彩产生共同美感的心理反应。所谓流行色,就是指某个时期内人们的共同爱好,带有倾向性的色彩。国际服装的时尚流行因素总是离不开流行色的导向。流行色为时新的色彩,合乎时代风尚,刺激服装消费,影响社会主流消费心理。流行色有两类:一种是经常流行的常用色即基本色;另一种是流行的时髦色。流行色与服装的面料、款式等共同构成服装美。流行色是一种趋势和走向,它是一种与时俱变的颜色,其特点是流行最快而周期最短。流行色不是固定不变的,常在一定期间演变,今年的流行色明年不一定还是流行色,其中有可能有一两种又被其他颜色替代。流行色和常用色是相对而言的,常用色有时上升为流行色,流行色经人们使用后也会成为常用色;可能今年的常用色到明年又成为流行色,就像一个循环的周期,但又不是同时发生变化的。

流行色具有新颖性、短时性、普及性、周期性的特点,在纺织、服装行业产品设计及营销环节,流行色彩的反应最为敏感,也最为明显;其流行时间周期最为短暂,变化也较快。(图 7–1、图 7–2)

图 7–1

(二)流行色的影响因素

通常影响服装色彩流行的因素有两种。一是必然发生的情况。随着社会经济的发展和生活方式的改变,人们的审美趣味也必然变化,如工业革命、经济危机势必会影响人们的着装观念。正因为流行色能符合社会主流消费心理,为大众所接受,所以也从另一种角度印证了人们喜新厌旧的心理。二是偶然发生的情况。在社会生活中某些偶然的文化事件也会引起服装色彩设计的某种流行趋势,如一部电影的热播都可能引起时尚的潮流。

还有,不同的国家、地区和民族都有自己的服饰传统和服饰习惯,每个人又有着不同的服饰嗜好或偏爱,而这些传统、习俗和嗜好都会在服装色彩上有所反映,并不会因为追求流行色而抛弃这一切。

图 7–2

人们在不断地求新求异，信息的多元化和快速更替导致了流行色的快速更新。色彩的时尚流行趋势是一种无主导色彩的多元化流行，是在近年来世界各国经济动荡，市场暗淡，消费低迷，恐怖事件和局部战争频发，人们厌恶战争、暴力，期盼安定、和平，整个社会思潮要求反战，要求珍惜生命，祈求和平、幸福和发展的背景下产生的。2002 年服饰界流行粉红色，就是因为在所有的颜色中，粉红色最能满足安定、和平、甜蜜、温柔和希望的心理需求。

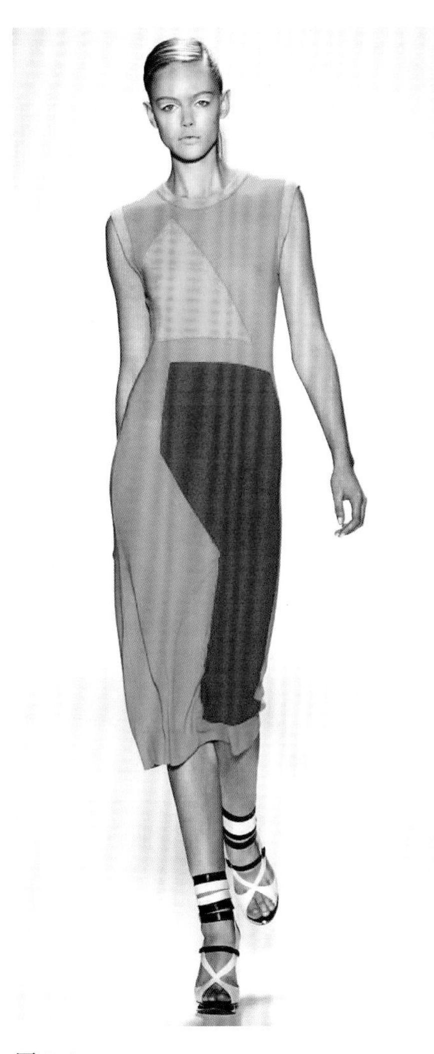

图 7-3

二　流行色预测机构与演变规律

(一)流行色预测机构

国际流行色委员会是在 1963 年由英国、奥地利、比利时、保加利亚、法国、匈牙利、波兰、罗马尼亚、瑞士、捷克、荷兰、西班牙、德国、日本等十多个国家联合成立的，其总部设在法国巴黎。该组织每年举行两次会议，预测一年半以后春夏和秋冬季即将流行的色彩。各成员国根据本国的情况采用、修订，发布本国的流行色。每个成员国家对所带来的色卡预测方案进行投票，选出最能代表国际主要流行色潮流的方案，以它为蓝本，再糅合其他国家的方案进行补充，形成最终的国际流行色预测方案，常以法国、德国的色彩方案作为参考重点。欧美有些国家的色彩研究机构、时装研究机构、染化料生产集团还联合起来，共同发布流行色，染化料厂商根据流行色谱生产染料，时装设计公司根据流行色设计新款时装，同时经报刊、杂志、电台、电视台广泛宣传推广，介绍给消费者。目前，国际上发布流行色权威性较高、影响较大的有《国际色彩权威》和由美国、英国、欧洲共同体共同创办的商业性较强的《Cherou》(意大利色卡)、《巴黎纺织之声》等杂志。他们每年春秋两次预报第二年春夏季、秋冬季的流行色谱。西欧流行色预测一般客观反映消费者需求，迎合消费者心理，较为全面地反映了国际流行色的基本潮流，把时尚的流行色彩与市场结合起来，具有促进和引导生产的重要积极作用。目前，中国国内的一些大型企业和公司也注重结合国际流行色发布的趋势进行产品设计。

流行色预测告诉人们的是一种趋势、一种走向、一种风格，一种新鲜的感觉，并不是单一的一个款式或色彩。权威的流行色协会机构之所以有生命力就在于它给消费者留下了很大的余地，使消费者能够根据自己的感觉投入流行的行列中。(图 7-3)

(二)变化周期与规律

流行色好比一条河的坡面，河的表面流速最快带动着中间层和最底层的传统型人士的服装色彩潮流，许多人是在自觉与不自觉下卷入流行色潮流的。因此，流行色的变化周期大致包括 4 个阶段，分为始发期、上升期、高潮期、消退期，整个周期大致经历 3~5 年，其中高潮期中的黄金期大约为 1~2 年，也是黄金销售期。

色相产生的变化总是各自向相反的方向围绕中心点做转动，出现暖色流行期和寒色流行期之间的相互转换。这种转换一般是渐变的、顺向的。1987 年前后出现了以宝蓝色为尖端色的寒色流行期；其间经历了橄榄绿、紫藤、姜黄等色的多彩流行中间色过渡期。蓝色高潮流行期过后，向暖色流行期转换；到 1988 年出现的驼色及米黄色等中间色为其交替阶段；1992 年前后，出现了流行暖灰色、褐色为尖端色的暖色期；1997 年香港回归以后，中国红、橙在流行色中占据了重要位置，这也标明了东方元素逐渐成为国际时尚潮流中重要的设计元素。流行色存在明度、纯度相互转化的变化规律，两者综合形成流行色的色调趋势。（图 7–4~图 7–6）

图 7–4

图 7–5

图 7-6

三　流行色预测的内容

来自世界各地的流行色专家共同商讨下一年度每季的流行色提案，其中每一组流行色都有具灵感来源，如热带雨林、碧空蓝天、大海、阳光、唐三彩等，他们在调查研究消费者上一季度采用最多的颜色，并注意找出哪些是较新出现的、有上升势头的颜色。预测者分析消费者的心理与对颜色的喜好，并窥探消费者的内心，猜测在下一季度的政治、经济和社会形势下，消费者喜欢什么颜色，在充分讨论和分析的基础上，投票决定下一季度的流行色。

消费者的需求是最根本的时尚推手。从理想角度来看，大街上能有消费者喜欢的色彩商品，是有益于消费者的，但很多情况下，预测者观察到的色彩现象往往是消费者已经获得或者是可以买得到的色彩，预测者不能观测到普通大众希望购买到却没有购买到的着装色彩。专家所做的是归纳、总结和分析，消费者变成时尚强有力的推手，是市场重要的驱动力，流行色的预测也因此在纺织服装业中扮演了重要角色。这种预测的流行色可使在生活中感觉的流行色或印在纸上的流行色为纺织服装企业提供信息，及时生产出人们喜欢的流行色纺织商品。流行色的预测集中在色彩故事、气氛板的创作和表达过程中的技巧上，从而完整地梳理出流行色预测方案。这时预测者需要提高鉴别、分析、评估色彩的演变及演变方向和变化速度的技能，理解色彩故事的演化过程，确定色彩感情的延续方向。

流行色的内容包括以下几方面：第一是主题词，主题词是流行色每一色组灵感来源的说明，其文字要求简洁明了、生动准确、通俗易懂；第二是灵感图片，配合主题词而选用的彩色图片，用以形象地诠释流行色组的灵感；第三是色组，色组是流行色的主要组成部分，流行色的公布，一般以 3~4 组色彩主题组成下一个季度要流行的色彩，每一组主题又由 6~7 个色块组成，这些色块是从彩图中抽象获得的象征性颜色；第四是文字解说，对流行色的文字补充说明，包括具体颜色、组成的抽象或象征性意义。（图 7–6）

流行色在一定程度上对市场消费具有积极的指导作用。国际市场上，特别是欧美、日本、中国香港等一些消费水平很高的市场，流行色的敏感性更强，作用更大。流行色的应用也有一定的局限性，因为流行色变化的时间跨度太小，它适用于一些更新较快、相对比较便宜的服饰，如 T 恤衫、女裤、女裙等服饰；对于一些比较正规的高档西装和裘皮衣等服饰，则不太需要考虑流行色，尤其是成熟男士正装、裤装色彩通常以深灰等基本色为主，在服装设计时很少考虑采用流行色。由于人的着装由多件构成，有时以流行色为点缀色来搭配基本色的服饰，有时采用流行色作为整个着装的主导色，以取得相得益彰的奇妙效果。总之，流行色是客观存在于服装设计之中的，面对国际流行色研究机构发布的预测提案，我们需要结合具体地区、具体消费群体等实际情况来进行综合判断。（图 7–8、图 7–9）

图 7–7　流行色预测内容

图 7–8　2012~2013 年春夏女装流行色预测提案

图 7–9　2012~2013 年春夏女装流行色预测提案

课堂提问与思考

1.流行色变化的根本原因是什么？服装流行色的特点？

2.服装流行色的变化周期与规律有哪些？

3.流行色预测提案包括哪些内容？

课后作业

一年半后女装(或男装)春夏(或秋冬)流行色预测练习

要求：

1.收集色彩灵感图片 5 张，提取所用色块 5~7 种为一组，对未来服装流行色预测进行文字简析；

2.借鉴灵感图片的色彩，进行 1~2 款男装或女装的色彩变化设计，色彩搭配和谐有创意，并标出每套色块；

3.彩色效果图表现，四开大小。

范例

2012-2013 年春夏女装流行色预测提案　色彩灵感版及女装流行色彩版

CHLOE
BALENCIAGA
PHI
AKRIS
RESENE PERFECT TAUPE
A pastel Maltese grey beige drifting towards tones of pink. Blends in well with grey greens, walnut browns or azurite blues.
FLEETWOOD
An edgy, energetic twist of green, brown and mustard yellow.
RESENE MOJITO
A diffusion of earthy tan, beige and gold- unique and tasty. The perfect complement to moody reds, turquoise blues or deep yellow greens.
CELINE
CELINE
HERMES
CALVIN KLEIN
1
2
3
4
5
6
7
8

高等院校服装专业教程

服装色彩

附图

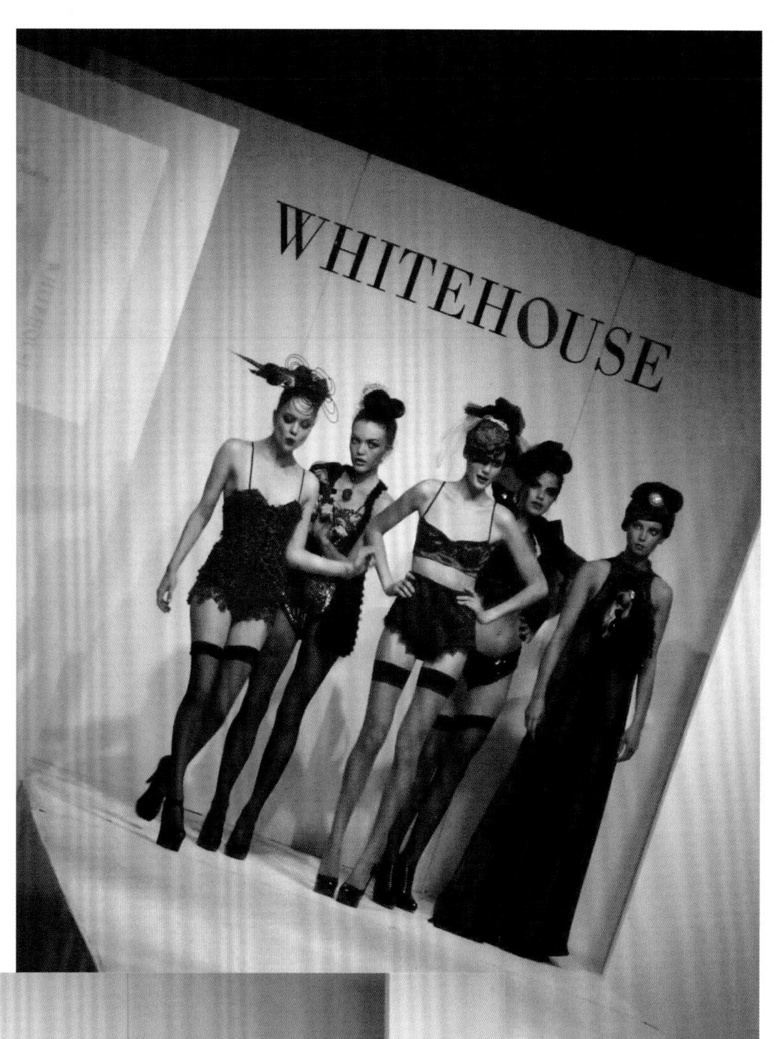
WHITEHOUSE

VENEXIANA

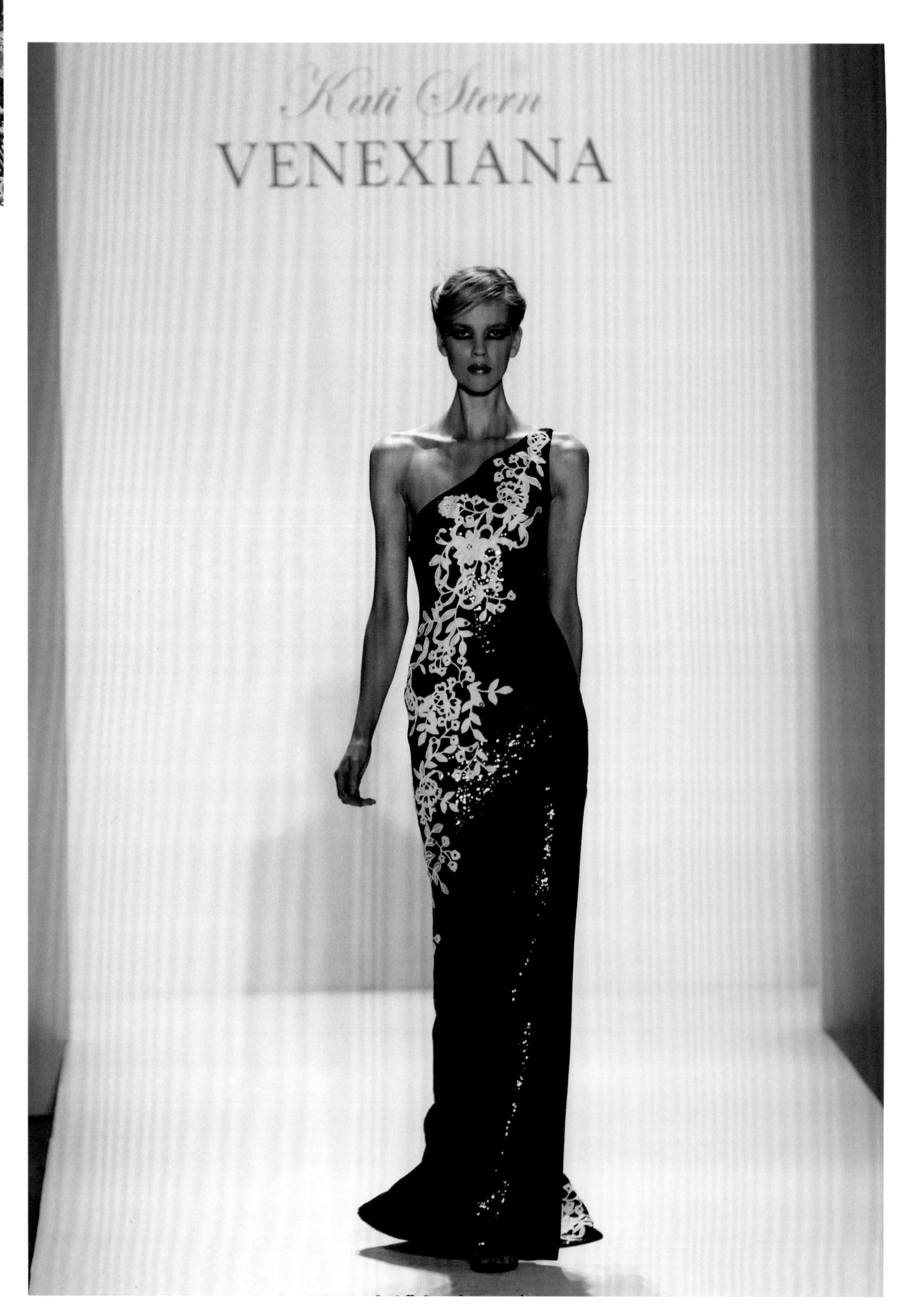
Kati Stern
VENEXIANA

VENEXIANA

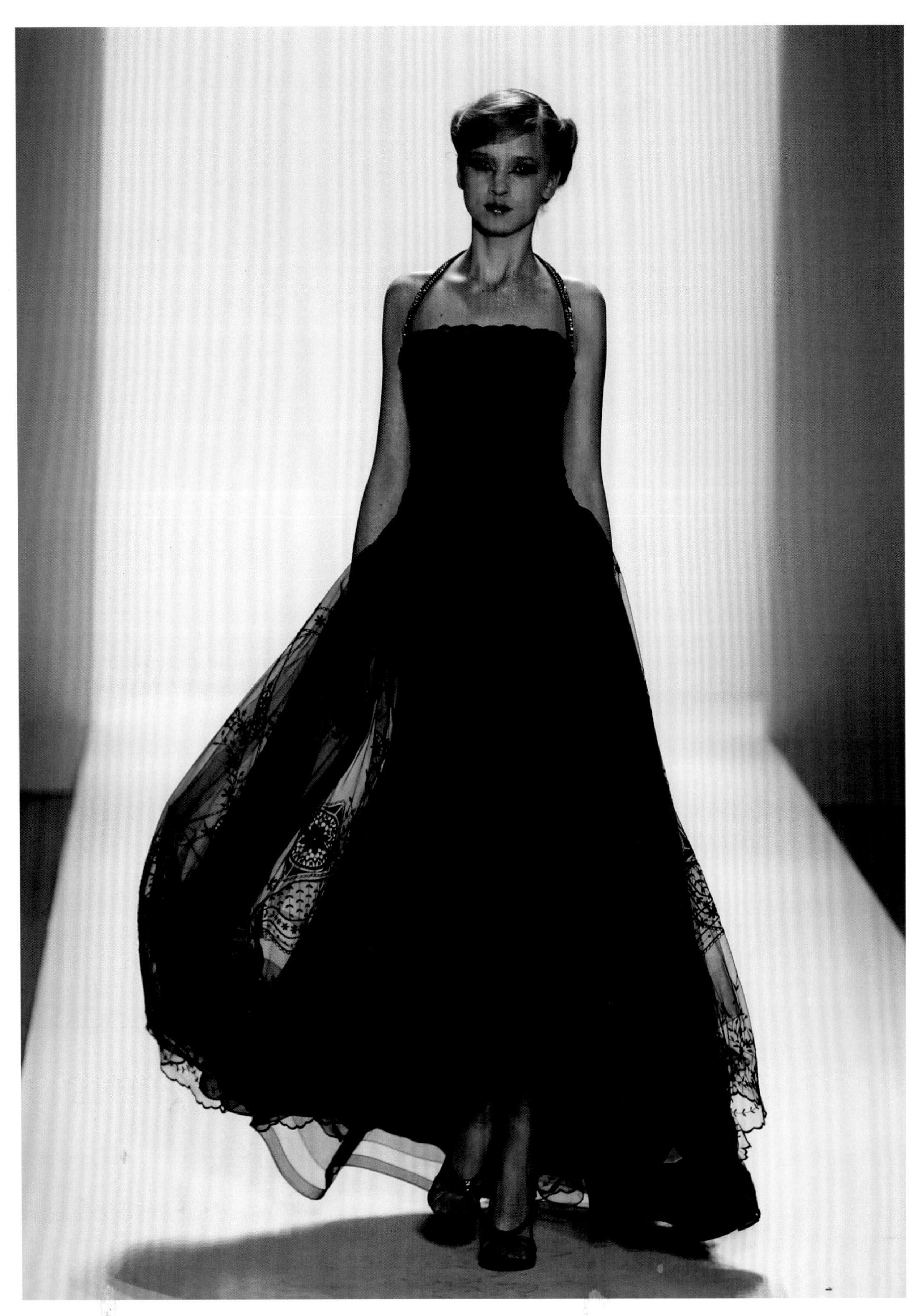

高等院校服装专业教程
服装色彩

图书在版编目(CIP)数据

服装色彩/叶洪光,刘重嵘编著. —重庆:西南师范大学出版社,2012.8

高等院校服装专业教程

ISBN 978-7-5621-5910-0

Ⅰ. ①服… Ⅱ. ①叶… ②刘… Ⅲ. ①服装色彩—高等学校—教材 Ⅳ. ①TS941.11

中国版本图书馆 CIP 数据核字(2012)第 182675 号

高等院校服装专业教程

服装色彩

编 著 者:叶洪光 刘重嵘
责任编辑:王 煤
封面设计:乌 金 晓 町
装帧设计:梅木子
出版发行:西南师范大学出版社
网址:www.xscbs.com
中国·重庆·西南大学校内
邮 编:400715
经 销:新华书店
制 版:重庆海阔特数码分色彩印有限公司
印 刷:重庆长虹印务有限公司
开 本:889mm×1194mm 1/16
印 张:7.5
字 数:216 千字
版 次:2012 年 8 月第 1 版
印 次:2012 年 8 月第 1 次印刷
书 号:ISBN 978-7-5621-5910-0

定 价:44.00 元